实验动物专业技术人员等级培训教材
（高级）

总　编　秦　川

主　编　谭　毅

主　审　卢金星　刘云波　魏　强

编写人员（按姓氏笔画排序）

卢金星　刘云波　刘恩岐　陈丙波　郑志红

秦　川　谭　毅　魏　强

编写秘书：赵宏旭　宋　晶　孟俊红　张　淙

U0277009

中国协和医科大学出版社

图书在版编目（CIP）数据

实验动物专业技术人员等级培训教材：高级／谭毅主编．—北京：中国协和医科大学出版社，2017.8

ISBN 978 - 7 - 5679 - 0835 - 2

Ⅰ.①实…　Ⅱ.①谭…　Ⅲ.①实验动物 - 技术培训 - 教材　Ⅳ.①Q95 - 33

中国版本图书馆 CIP 数据核字（2017）第 140905 号

实验动物和动物实验从业专业技术人员系列培训资料

实验动物专业技术人员等级培训教材（高级）

主　　编：谭　毅

责任编辑：田　奇

出版发行　**中国协和医科大学出版社**
　　　　　（北京东单三条九号　邮编 100730　电话 65260431）

网　　址：www. pumcp. com

经　　销：新华书店总店北京发行所

印　　刷：中煤（北京）印务有限公司

开　　本：787 × 1092　1/16 开

印　　张：9. 75

字　　数：190 千字

版　　次：2017 年 8 月第 1 版

印　　次：2017 年 8 月第 1 次印刷

定　　价：28. 00 元

ISBN 978 - 7 - 5679 - 0835 - 2

实验动物专业技术人员等级培训教材编委会

前　　言

为推进我国实验动物从业人员队伍的专业化、职业化建设，规范实验动物从业人员分类，加强实验动物从业人员岗位和等级技能培训及资格评定工作，2015 年 12 月中国实验动物学会发布了《实验动物从业人员要求》（TB/CALAS 00001-2016）团体标准。该标准规定了实验动物从业人员的分类，资格要求、能力要求、资格培训及评定等。依据实验动物从业人员所从事工作的性质，实验动物从业人员分为六类：分别为实验动物技术人员系列，实验动物管理人员系列，实验动物医师系列，实验动物研究人员系列，实验动物辅助人员和实验动物阶段性从业人员。

为使实验动物从业人员学习和掌握系统规范的专业知识，规范培训和资格认定工作，加强实验动物技术人员资格培训工作，中国实验动物学会组织教学、科研一线的专家特别编写了《实验动物专业技术人员等级培训教材（初级、中级、高级）》、《实验动物医师培训教材》、《实验动物设施负责人培训教材》等一系列培训教材，以帮助实验动物从业人员从理论到技能循序渐进地掌握实验动物常用技术，提升技术水平。《实验动物专业技术人员等级培训教材》，根据《实验动物从业人员要求》中将实验动物技术人员分为实验动物助理技师、实验动物技师和实验动物技术专家三类的要求，分别按照初级（适合 A-1 类考试）、中级（适合 A-2 类考试）和高级（适合 A-3 类考试）编写而成。

初级培训教材针对从事实验动物工作初期、理论知识不足或学历层次不够、技术水平不高、入行时间不长的实验动物技术人员而设计，主要内容包括实验动物科学发展历史和目的、基本概念、发展进程，常规实验动物的基本生物学特点、饲养管理、环境设施要求与卫生、健康管理和疾病预防，以及安死术和实验设计与方法等基本知识和技术。

中级培训教材针对已经掌握初级实验动物技术人员应掌握的技术、学历较高、具备一定知识水平的实验动物技术人员而设计，主要内容涉及开展生物医学研究相关的实验动物和动物实验技术，包括实验动物解剖、生理特点以及实验动物培育、饲养、繁殖、疾病控制、设施管理、生物安全等内容。

高级培训教材针对长期从事并熟练掌握实验动物技术的人员而设计，内容在初、中级培训教材的基础上做了拓展，包括了分子生物学和遗传工程领域的知识和技术。

本丛书作为实验动物专业技术人员等级资格考试的培训教材，是实验动物专业技术人员理论和技术水平提升的重要参考资料。

　　本丛书内容丰富详实，图文并茂，理论与实际工作相结合，既可作为实验动物专业技术从业人员的专业培训教材，也可作为从事医学、药学及其他生命科学领域的广大科研技术人员的参考用书。

　　生命科学及实验动物科学发展迅速，新知识、新技术更新很快，由于编者知识和能力有限，内容难免有疏漏和谬误之处，我们期待您对内容的更正或建议，以使本系列教材不断更新完善。请将您的建议通过电子邮件 calas@ cast. org. cn 直接反馈给中国实验动物学会。

中国实验动物学会理事长　秦川

2017 年 5 月

目　　录

第一篇
管 理

管理是通过整合机构的人力、物力和财力等资源去实现目标的过程。本章主要介绍实验动物设施管理人员如何充分调动所有工作人员的积极性，充分利用各种资源，实现实验室良好管理。

第一章 日常管理

第一节 管理人员素质要求

实验动物设施的管理人员通常分为组长、部门主管、机构负责人三个层次。机构负责人对整个实验动物设施全权负责，通常称为实验室主任或动物中心主任等。

机构负责人必须具备创新思维、队伍建设和生产技术三种能力。创新思维能力是指发现问题与解决问题、创新思考进而制定长期规划的能力。队伍建设能力指与领导力、执行力及沟通能力有关。作为机构负责人应了解并激励员工，形成坚实的工作团队。技术能力是对某项工作的理解程度和熟练程度。在实验动物设施内，技术能力包括实验动物及其特殊需求、设备类型、动物管理技能以及实验室技术等相关知识和技能。

管理活动包含计划、组织、指导、监督以及人事安排五部分。每个实验动物设施都有自己的工作目标，为实现其目标，管理人员应制定工作计划、组织安排工作实施计划、定期对工作进程进行评估、以确保实现目标。

第二节 工 作 分 配

实验动物设施的目标一旦建立，必须明确实现目标所必须完成的所有工作，进而分配到每个人。谁都想做最有意义的那部分工作，然而整个工作进行的顺利与否，往往取决于最难做、最枯燥乏味的那部分工作的完成情况。

一、日常工作

动物设施的日常工作包括：

1. 饲料 所有笼子都应保证两天的饲料量，且饲料置于加料盒内。
2. 水 每天检查水瓶，更换水瓶。
3. 笼子 定期更换。
4. 地面 每天打扫。
5. 过滤器 至少两周更换一次。
6. 健康情况 每天观察每只动物的行为以及健康情况，报告异常情况。

二、工作分配考虑的因素

（一）人力和物力的限制

动物每天都需要观察和照顾，因此，动物设施内一年 365 天都需要安排人员工作。一般情况下，要通过加班来解决日常人员工作安排上的冲突，但是加班会增加预算开支，通常采取周末或节假日轮换加班的方法来节约开支。

合理的工作量应该是以在正常工作时间内能完成为准，工作中应当给员工留出一定的时间来处理琐事、突发问题、业务学习等。

实验动物设施条件是影响员工工作效率的重要因素。比如，蒸汽灭菌器的容积或数量不够多，操作人员就不得不等待，从而造成不必要的拖延。

实验动物设施的笼盒的类型和数量也会影响工作安排，必须仔细设计更换笼盒的时间和周期。

（二）研究需要的限制

实验动物设施为研究者提供完善的动物实验设施环境。特殊饮食、特定喂养时间、特殊称重方式、特制垫料或笼具、光照周期、噪声、手术恢复时间、特殊手术操作、隔离以及危险试剂使用等都会直接影响工作的安排，所有工作人员必须通力合作才能保证研究计划的顺利开展。

（三）动物的限制

每种实验动物都有特定的需求。比如，狗需要彼此之间或与人之间进行沟通。啮齿类动物通常对噪声控制要求较高。猪是群居动物，单独喂养会影响其生长。

合理地制定人员的工作量不仅需要考虑动物的需求，更要考虑到工作人员的需求。比如使用备用电源、手套、皮带和运输笼子等需要耽误更多的时间。

第三节　监督与指导

高效的实验动物设施负责人或管理人员都会将人的需求和生产力的需求放在同等重要的位置，在制定规划、实现高水平生产力的同时，也使工作人员的需求得到满足。如果管理者强调员工的需求高于动物的需求，会导致生产力降低和忽视动物。相反，如果过分强调动物的需求，而对员工的需求置之不理，会使员工态度消极，导致生产力降低。

一、激励员工

管理人员的重要技巧之一便是激励员工。管理人员必须制定激励员工为特定目标而努力工作的奖励措施。一些管理人员认为金钱奖励是最好的方式，然而事实往往并非如此。

金钱固然重要，但也许不是最好的激励手段。

作为管理人员，如果想要充分调动员工的积极性，就必须知道员工需要什么。先入为主的印象，尤其是负面看法，会影响对员工的了解。假设你是一名管理人员，你可能会猜测：①员工很懒，甚至想罢工；②员工不主动，上班是被逼无奈；③大多数员工倾向于这类做法。相反地，你也可以做一些积极的假设：①员工努力工作后多获报酬是自然的；②惩罚不是促使员工积极工作的唯一途径。

管理人员如何运用这些手段来激励员工呢？通常情况下，管理人员是不能控制员工的薪水或福利的，必须依赖于其他途径来对员工施以积极的影响。员工需要一种目的感，工作积累也可以使员工有更多的责任感，可通过适当增加工作量来逐渐提高员工的责任心。比如，可以将某个项目全权交于某员工去完成，至少也可以给员工留出一定的自我发挥的空间，这会让员工体会到更大的掌控感，工作完成后会给员工带来更大的成就感。

当然，为技术人员提供培训或认证也是有效的激励工具。

二、合理安排时间

第一，了解工作完成情况可以帮助合理地安排每项工作的时间。第二，将最重要的任务安排在工作日的最佳工作时间，通常是每天早上九点至十一点。

工作计划的主要内容就是明确目标、主要工作任务、主要完成人，以及工作时间。因此，每当接受一个任务，都需要按照轻重缓急、主次，按照任务每个部分的重要性安排好时间表、路线图。

"工作安排表"可以以周或天为单位，这样可以帮助你专注于最优先的工作，同时给不可预知的突发事件预留一定的时间。比如离会议开始还有 15 分钟，可以做一项 15 分钟内就能完成的工作，即使它是不优先的。如果某项工作完成起来难度很大或者耗时很长，可以把它分成若干小工作来进行。给任务分类的一个好办法就是将它们划分为：必须做的、应该做的和想要做的。想要确定这个任务到底有多重要，就问问自己："如果我不做这件事，最糟的结果会是什么？"

三、合理安排工作

合理安排工作是管理人员优秀与否的重要标志。学会授权是管理人员必须掌握的最重要的技能之一，这样可以节约他们自己的宝贵时间，把节约下来的时间用来完成那些难以分配的工作任务。一名高效的管理人员必须学会调动下属的工作积极性，并充分发挥他们的主观能动性。

以下是常用工作分配的方法：

1. 全面熟悉这份工作　每项工作都应该有确切的完成日期，管理人员必须知道完成这项工作需要的时间。

2. 决定哪些工作需要分配　这个决定需要一些认真的思考，但是，也可以通过经验，将合理的工作分配给合适的人。

3. 决定将工作分配给哪些人　将任务分配给合适的员工。

4. 向员工布置工作　以简洁的语言向员工们说明工作的内容。不仅要预估员工们完成工作任务过程中可能遇到的任何难题，还要注意观察员工的反应，确保他们都能理解你的意思。研究表明，如果员工是第一次执行任务，管理人员至少要向他解释三次，他才能完全理解。较为复杂的任务最好是用书面形式分配，可以给员工们一些有形的东西可看，即使是书面的描述也需要向员工说明任务，确保大家能理解任务的含义。定期检查员工的工作进度，看看他们是否需要你或者是其他人的额外帮助。在员工执行任务的过程中，给他们积极的支持，使他们相信你对他们有信心。

5. 与员工谈论工作的质量　任务完成之后，不要笼统地进行评价，而要针对个别员工的具体工作进行评价。尽量少用"干得好"或"应该做得更好"这类的词语。相反，要对工作中的好或坏举出特定的例子。例如，笼具清洁表安排科学、所有笼具定期被清洗干净、洗涤器内没有待清洗的笼具等。

四、问题员工处置

任何一个工作团队里都会有问题员工。例如，很多单位，迟到是常见的问题。面对员工的迟到问题，不应仅从经济处罚一个方法进行处理，而应当完善企业的管理及制度包括实施全勤工资制度管理、绩效工资制度管理、考勤管理、对违纪员工的及时处理等。如果员工违反公司制度或劳动纪律的，企业应当及时制作处罚决定或情况说明，并要求员工签字，以作为依法适用规章制度的证据。排除单位管理制度问题外，不论如何忠告、训斥或扣罚工资，如果这位员工仍不改变他的行为习惯，则应考虑解雇这位员工。员工之间的冲突通常是不可避免的，面对员工之间冲突，管理人员首先应当确认事实情况，共同探讨可能解决的方案并对这些方案进行评价比较，最终达成共识，共同执行最佳方案。如果这样还不能解决问题，那么最好调换员工的工作部门，使他们不在一起继续工作。

五、工作安排的灵活性

在绝大多数的实验动物机构，大部分的工作都可以安排在每天的特定时间，也可以把某一特定的工作（如更换鼠笼）安排在每周的同一时间。但实际上，只要笼具是干净的，并且不与研究时间冲突，随时更换都可以，同样是工作时间，允许员工们自由选择工作时间可增加团队的生产力。有人早晨的工作效率高，其他人可能在其他时间的工作效率高。实行灵活的工作时间，可达到在更长的时间内有更多的员工在工作，例如，有些员工早上7：30，有些早上8：00，其他人甚至更迟。员工之间的相互交流对于较大的、比较分散的实验动物设施的管理来说很有必要。

假期会引起工作时间表上的冲突。为了避免这些问题，最好提前列出一年中的所有假期和值班人员。如果工作时间表仍有空当，就安排员工循环上班来填补空隙。

第四节 监督检查

定期、不定期地评估单位总体目标的完成情况以及对员工的工作情况进行监督检查，清晰地说明各位员工需要完成的任务、完成情况、表现水平。

一、岗位设定

所有岗位都应尽量阐明相应工作职责的一些细节，工作内容相似的员工可以描述为统一岗位。

二、不定期评价员工

这种评价员工的方式可在全年的任何工作日里秘密进行。不能在其他员工面前评价另一些员工的表现，任何评价都应该对事不对人。

三、定期评价员工

在你的工作区域内每年安排 2 ~ 4 次会议，与员工一起讨论总结他们的总体表现，指出存在的问题以及制定出一定的改进方案。

四、评价标准

评价标准尽量简洁清楚，比如以下形式：

1. 狗舍必须在每天早上 10 点之前清洁干净。
2. 笼子和运动场必须每天清洗。
3. 清理狗笼时，狗要放进运输笼中，以免弄湿。

制定标准时，必须清楚"如何才能决定一个区域内某项工作是否做完？到了什么程度？"在上面提及的例子中，检查人员必须有能力决定这屋子是否清洁了，狗是否被正确转移了。

五、年度评价标准

设定的年度评价标准应该适合现行的工作，依据出勤率、客户满意度、岗位职责履行情况、服务满意度等综合评价出优秀和较差档次。

六、个性化评价

对员工个人的评价最好个性化，将评价作为员工个人成长的一次经历，作为关心员工的机会，这样的话，可以提高员工的工作成就感，使其渴望在实验动物科学领域进一步发展。

第五节　工作人员要求

合理的招聘和安排合适的工作人员到合适的工作岗位，对于实验动物设施的正常运转至关重要，设施负责人或管理人员必须与人力资源部门相互配合，按照岗位需求配备相应的工作人员，提高工作效率。

一、面试要点

面试为应聘者提供自我表现机会，为参加面试的组成人员提供一个很好的印象。

对于用人机构来说，面试的目的是为某个岗位寻找一位适合的员工，而不是了解员工本人有多优秀。面试过程中最好不要偏离主题，工作内容和职责描述、应聘者的工作背景是面试的重点，必须获得需要的所有相关信息，便于做出是否雇佣的决定。

面试前要做好充分的准备，比如，要告知所有制度、规定、政策，能准确回答关于福利、假期、病休、着装要求等问题。可以设定几个必须询问的问题，比如：

1. 对于研究中使用动物的看法。
2. 教育背景以及与岗位的关联程度。
3. 待遇条件，比如薪水范围及未来晋升的空间和要求。
4. 工作条件，比如上班时间、动物房的工作条件、可能的风险。
5. 岗位的工作要求。

二、雇佣与辞退

一旦雇佣一名工作人员，就要相信其能力，对其工作能力做出评估。评估新入职的工作人员时，尽量不要低估其能力，也许开始不够出色，只要工作态度积极主动，其工作能力会逐渐提高。

解雇或辞退工作人员也是设施负责人经常遇到的事情，解雇通常是纪律程序如处分、停职或降职之后的最终选择，避免无故辞退，否则可能引起法律诉讼。管理者必须避免自己或者单位被起诉。

很多单位雇佣与辞退有三步程序：口头警告、书面警告以及辞退。最终辞退员工之前收集所有的事实证据十分重要，在做出任何决定之前，一定要证据充足，管理者应当按照规定，联系人力资源部门，由人力资源部门负责处理类似事件。

以下条款可以帮助做出是否解聘员工的决定。

1. 该员工已经按单位的纪律程序被警告过。
2. 事实证明员工的工作并不令人满意，员工已经获得了解释和改正问题的机会。
3. 单位的调查公正客观。
4. 该员工与其他员工一样在同等条件下接受过单位的培训。

第二章 成本核算

动物实验设施运行涉及饲养实验动物的开支种类繁多，进行成本控制意义重大。实验动物技术专家掌握各类开支和明细，进行科学合理的控制各项支出费用，不仅能降低实验动物设施的运行成本，减少浪费，还能有效提高实验动物设施的利用率。

一、核算依据

动物实验设施就动物的饲养规模分为小型设施和大型设施，小型动物实验设施的集中管理使用相对于大型设施更加容易进行成本核算，而且操作方便也比较经济。大型设施的动物品种多、动物生产量大，所需要的维持费用也将随着增加。增设放射、外科、病理诊断等实验室需要专业人员以及附属设施和供应品，这些都将产生额外的费用。

在开始进行成本分析之前，首先要收集必要的数据作为成本核算的依据，主要包括以下项目：

1. 人员报告　①活动报告；②监督分配时间；③技术员学习时间。
2. 建筑面积　①动物手术室，包括各个品系的动物；②手术实验区及附属设施。
3. 日常消耗　①可利用的笼具总数；②笼具的清洗安排；③各种品系动物的饲养时间；④每只动物每天的采食量；⑤每只动物每天的垫料数量；⑥不同动物的废物产生量；⑦完成不同类型实验对动物的需求量；⑧完成不同类型实验对时间的需求量；⑨服务项目及应付的实验项目的数量；⑩日常工作使用的能源（水、电、汽等）。

二、成本分类

动物实验设施的成本包括直接成本和间接成本。

直接成本：包括①人工成本，指所有工作人员的工资、奖金福利及其他相关费用。②设施运行维持费用，指设施运行的空调、风机、中央空调自控系统和管道系统、水电、高压消毒锅、电梯、过滤器更换等维修维护费、环境检测费和动物废弃物处理等费用。③消毒消耗费，如消毒和洗刷用品、工作服、隔离服、工作鞋和鞋套、口罩、手套等一次性物品。④动物饲养费用，指耗材、试剂、饲料、垫料、笼具更新以及其他与日常操作相关的费用。

间接成本：主要用于设施管理。如办公费、印刷费、报刊资料费、复打费、邮电通讯网络费、交通差旅费、培训费、许可证年检费等一般的管理成本、财务成本、销售成本。

三、成本控制

一个机构很难获得补助和额外费用的情况下，必须考虑缩减操作费用。所有工作人员都应具备缩减开支、节约费用的意识。

1. 人员　人员成本是实验动物设施运行中的主要成本之一。在能完成工作任务的前提下，裁减人员是降低成本的最有效方法之一，取消加班时间、多使用临时工等解决方法往往是暂时的，且有可能影响工作水平或降低工作效率。

2. 设施面积　当饲养量较少时，应合并动物设施的使用区域可以帮助省开支。关闭一些附属设施及多余的房间可减少劳动力成本。

3. 笼具　动物品种和数目的不同决定了笼具的种类和数目也不相同，因此合理使用笼具也可以减少开支。例如在大型设施中，自动供水系统的使用虽然最初投资大，但是后期可以减少更换水瓶等劳动力开支。

4. 笼具清洗　通过评价现有的设备以及使用清洁剂、消毒剂、酸化剂和中和剂情况可知，大型设施使用笼具清洗系统可以节省开支。

5. 动物的保存时间　明确动物实验的时间，合理安排动物采购时间，缩短动物饲养的最短时间可以节省开支。

6. 饲养　当使用动物进行短期研究时，技术员应考虑自由采食时造成的饲料浪费，可采取适当限食饲养。

7. 垫料　评价垫料的质量和数量需求是削减成本的重要手段。不同类型的垫料价格相差较大。做好采购规划，避免大量的堆积，既占地方，也容易造成浪费。

8. 垃圾　不同设施内的垃圾应采取不同的处理方法。污物数量、不同的处理系统以及处理技术都将影响成本。

9. 实验室检查　减少实验室检查的次数和指标可以减少支出。实验结束时的动物评价可以取代日常的动物评价，减少放置哨兵动物数量和检测频率，减少相应的检测费用。

上述表明，通过统计分析可以减少实验动物的开支。只有熟练的管理人员才能客观的评价每一个标准操作程序的花费。

第三章 质量管理

一、法规和制度

制定法律法规的目的在于保证生物医学教学、研究、测试等活动中实验动物的质量，保证人道地对待动物，使动物的福利得到保障，提高生物医学研究质量。

实验动物的法律法规分两个层次。第一个层次是国家或地方政府颁布的强制性法律、法规。比如《实验动物管理条例》、《实验动物质量管理办法》、《实验动物许可证管理办法》以及《实验动物微生物学等级及监测》等国家标准；有些省市也颁布了《实验动物管理条例（办法）》等属于强制执行的法规，实验动物生产单位和使用单位以及个人必须无条件执行。第二个层次是一些学术团体、基金组织、科研院所、大专院校制订的管理办法或规章制度。

由于相关规定随时都在变化，及时了解新出台的相关规定的最好方法是建立一个针对这些规定所做的文件体系，并及时更新文件的内容和规定。这些规定应对工作人员正确护理动物、环境设施、卫生标准、人员福利及动物使用原则等做出详细说明。

每年至少应该对动物设施进行一次全面检查，设施负责人应该亲自参加并重视检查中出现的每个问题，证明动物设施与标准所有相关规定相符，实际操作中动物的护理或处理等所有环节均有标准的操作规程。

二、设施安全

设施安全不仅指关好门窗和人身安全，还涉及心理安全。实施中易发生的安全隐患有：自然因素引发、操作失误、机械故障和故意破坏行为等。除最后一项，其他都难以避免和干预。保证设施安全是一项复杂而艰巨的任务。制定一个切实可行的安全保障体系要求具备安全专业知识。上至设施负责人下至普通技术人员都应积极主动地学习掌握安保体系的各项措施。

三、风险评估

设施中的所有员工都可能自觉或不自觉地做出这样或那样违犯实验动物管理规定的事

情，因此所有动物设施都存在风险，以下几种情况无疑会增加风险的发生：

1. 实验使用来源不明的动物。
2. 实验中所用物品乱放乱扔。
3. 致痛性研究。
4. 心理或行为学研究。

最好的办法是提前撰写危险评估报告，对可能发生的事情做好应急准备。

四、安全管理

一般来讲，实验动物设施应设置严格的安全体系，如门卡识别、视频监控、红外跟踪感应、警报门铃、内部门锁、值班等。

五、公众教育

实验动物领域要想得到公众的支持，最好的办法就是借助媒体或者通过科技日、科技活动周等现场活动对公众进行宣传，与媒体机构保持较好的联系，经常邀请他们参观访问，介绍实验进程以及结果对社会的益处等。通过教育宣传、让公众了解实验动物所带来的益处，从而获得更多的社会支持。也可以邀请公益组织或其他社会组织的人们来现场了解更多的实验动物知识。实验动物设施应建立某种机制，及时预防潜在公共事件的发生。有效的方法如下：实验安排明确化，设施应安排专职人员对近期进行的实验列出清单，对于这些实验的介绍最好使用非专业术语，做到简明易懂。

六、职工选择

招聘员工时，应通过面试方式了解其是否喜欢动物、讨厌动物、害怕动物，是否对动物毛发和气味有生理或心理上的过敏反应，最好选择那些性格温和、有耐心、喜欢动物并且有饲养动物（宠物）经历的潜在员工。

七、与执法部门沟通

实施负责人应与执法部门主动沟通联系，了解与该实验动物设施的利益和切身问题相关的法律法规。设施负责人应该咨询执法部门相关的安全防护措施，及时告知司法部门可能存在的该地区动物权利保护组织的各种抗议活动。

八、质量保证体系

质量保证体系是与各项实验操作及基本动物护理相配套的动态核查体系。通过撰写标准作业程序（SOP）来保证各项操作的规范化，同时，采用监控设备来保证各项操作严格按照 SOP 进行。

　　研究人员在开始实验之前，可以预先查看与本实验相关的 SOP，预测相应的问题，预备解决方案。对一些问题，SOP 给出了严格的规定，如房间的温湿度，而对于有些问题，SOP 未做出严格的规定，如笼具的放置等。质量保证体系不是一成不变，而是一个与时俱进、不断发展的体系。

九、标准实验室操作规范

　　实验动物设施建立标准实验室操作规范对于实验动物设施的良好运行非常重要，正常情况下要做到以下几个方面的要求，包括：①完整的实验方案，包括实验目的、实验起始日期、相关的国内国际研究进展、经费来源、实验负责人等内容。②保存所有协议的副本。③对实验进行定期检查，详细记录遇到的问题。④制定有权威性材料或文件支持的相关协议和 SOP。⑤观察最终实验结果是否与协议和 SOP 相符合，并给出一份报告。

（一）标准操作规程

　　SOP 应包括以下内容：供试品和对照品质量控制；设备维修和保养；动物福利；动物设施；动物观察；实验室测试；死伤动物处理；动物解剖；样本收集鉴定；病例监测；数据处理、存储和检索；动物转移安置和鉴定等。

（二）仪器设备

　　数据处理、环境检测必须有相应配套的自动化、机械化电子设备，这些设备的操作必须及时进行校验、检查、清洗和保养。SOP 中必须有仪器保养方法的说明、材料使用说明及常用仪器清理、检查、调试、校准和调控的说明。在相关记录中，工作人员需要详细注明每台仪器的清理、保养维护时间。如果是日常维修，则记录中必须体现仪器出现故障的原因、问题发现的时间、采取何种补救措施。实验室区域必须有 SOP 或手册，该 SOP 或手册中有针对事故出现的处理方法。

（三）动物管理

　　兽医师要对新接受的动物进行健康评价、识别每只动物的身份、不同品系动物分置房间、分析饲料和水分等。总之，在研究开始时，必须保证动物是健康的。

（四）实验方案

　　每个实验都应有一个至少包括以下内容的实验方案：

1. 题目和对该实验目的的清晰描述。

2. 供试品和对照品的名称代码。

3. 实验开始和完成的时间。

4. 实验体系和实验动物品种品系的选择及理由。

5. 实验动物的体重、年龄、性别、来源。

6. 实验设计方法和数据的处理。

7. 实验组和对照组中所用试剂的描述和鉴定、供试品剂量设置依据。

8. 污染控制计划。

9. 动物给药方法及使用这些方法的原因。

10. 每千克体重的给药量。

11. 药物吸收状况的描述。

12. 实验类型、分析测量的方法。

13. 原始记录的保留。

14. 实验负责人的姓名。

15. 委托方信息及委托方确认日期。

16. 数据处理方法。

17. 任何有关协议的改动都需要实验负责人的签字盖章并标明日期，与原协议保存一起。

（五）非临床试验

非临床试验与 SOP 必须与协议所规定的各项要求一致。所有的数据必须用直接快速的方法记录。每日进出需有相关记录，如有变化，则记录人应注意更改原因及日期。

（六）动物来源

动物设施应要求动物供应商提供动物合格证明。一般供应商所提供的动物都会满足实验者的要求，如寄生虫控制、病毒控制等。一般来说，控制的指标越多，动物价格越贵。因此，实验者应根据实验要求选择适宜的动物。

标准的动物采购程序适应于所有的动物，针对不同动物列出的具体要求会有差异。实验者可以登录网站查询或者电话询问动物供应商是否具有相关资质。

（七）动物饲养

饮水、垫料及垃圾处理也是质量控制应注意的要素。保证饲料质量最直接最简单的做法是确保饲料没有过期，特殊饲料应特殊处理。

由于高温高压会导致饲料中营养成分的流失，因此在喂养动物时要特别补充营养成分。一些质地极硬的饲料切勿用于转基因动物。

（八）合格饲料

必须保证其食物中所含的有毒化合物不超过标准的限量值。

（九）饮水控制

值班的技术人员应随时观察，保证自动饮水设备不漏水，检查相应记录。SOP 对于笼架中的水槽、卫生用水槽及相关连接设施、改换饮水设备都要有详细的规定。

严格控制细菌和化学品对水源的污染，收集的水样应送至权威的检测实验室。监测指标包括细菌如大肠杆菌、重金属如锌、化学物质如氯化烃类物质等。

（十）垫料

对不同种类的垫料进行质量监管是质量管理程序的重要一环。有能力的单位可以检测所购垫料中是否有污染物或者直接购买商品化的垫料。

（十一）污物处理设备

经常检查污物处理设备的运行情况，如果设备运转不畅的话，气味会很快蔓延。转运动物尸体时，尽量避免将动物尸体暴露于公共视野。

（十二）活体动物的微生物检测

合格证应该详细标明动物的病毒、细菌和寄生虫的排除情况，但动物所携带的微生物会随地点变动而改变。通常动物对某病原体产生抗体需要 10～14 天。最好在动物转运之前 2 周需要进行一次检测，运送到指定地点后 4～6 周再进行一次检测。用于检测的动物应是免疫正常的动物，年龄或体重太小或有免疫缺陷的动物则不能作为样本进行微生物检测。若需探究发病机制时，建议使用血清检测法，这项技术高效且经济。

哨兵动物：在啮齿类动物群中应用的哨兵动物与研究中的动物有着直接或间接的联系，在某些条件下，它们是质量保证体系中不可或缺的一部分。无论什么品种、品系、年龄、性别，哨兵动物必须类似于研究中的动物。哨兵动物应使用免疫正常动物，哨兵动物的笼盒应放在室内低的架子上，并经常移动到房间内其他空气流通的位置。

（十三）环境微生物监测

评价动物设施内洁净程度的依据是环境微生物检测数据，监测频率必须适应每一个质量管理程序的对应项目，虽然一般设定落下菌检测，但如果具备条件，监测浮游菌也许是更好的策略。

（十四）仪器监测

动物设施的质量检测可以确保诸如高压蒸汽灭菌器、洗笼机、通风系统等能够有效运转。

监测高压蒸汽灭菌器的物理方法是化学反应试纸，例如，这些指示物在125℃以上的温度高压蒸汽灭菌达10分钟。值得注意的是，任何测试方法仅仅揭示测试位置的情况。

为了检查高压蒸汽灭菌的效果，可用枯草芽胞杆菌芽胞做灭菌试验。按照产品说明书，取出塑料管内菌片，无菌移至灭菌玻璃平皿内，将平皿置于干热热灭菌柜内、中、外各部位，或通过隧道灭菌柜一起消毒。完毕后将灭菌片以无菌技术接种于培养液内37℃48小时培养，并设置一支未经消毒菌片作阳性对照。结果判断：经48小时培养后，若培养液变浑浊，颜色由红变黄判为阳性。培养液澄清，颜色不变为阴性，继续培养至7天，若仍无菌生长判为灭菌合格。如果有细菌生长，说明高压蒸汽灭菌失败。原因可能是没达到100%抽真空、蒸汽压力不够、运行时间不够，或者综合因素。

高压蒸汽灭菌笼盒的效果可用一种特殊的纸贴，达到预定压力和时间后，上面预设的条带会从银白色变成黑色。

（十五）笼具卫生

实验动物的饲养笼具使用之前必须彻底清洗并消毒，为了确保笼子清洗过程的正确性，可以在事先未通知的情况下随机抽查。

（十六）饮水瓶卫生

用过水瓶里的肠道病菌是动物的主要污染源之一。为了监测沙门氏菌、志贺假单胞（杆）菌，从用过的瓶子里取出0.1ml的样本加入带盖培养皿中，37℃培养48小时，检测是否出现有特征的菌落。清洁的瓶装水必须在装瓶区域内监测，记录取样位置和日期。为了监测自动灌水系统的水质，样本应该包括初始水及中段水，检测100ml水中细菌的最大允许数目。

（十七）通风口

及时更换过滤器，确保通风质量，并做好记录。过滤器的通风效果需要测试，以提供正确的空气流动方向，这种测试常常由专业检测机构实施。一般一年一次。

（十八）环境检测

检测实验动物设施的温度、相对湿度、通风状况在前面已有所提及。而关于环境条件的控制，还有几项是技术人员所必须掌握的。

1. 通风　通风参数可由电子监控设备来检测。由于影响通风参数的因素在不断变化，设置哨兵动物尤为必需。清扫笼具会引起参数的变动，因此对笼具进行清扫时，需要全程监控，直至最后一个笼具清扫完毕。

2. 噪声　为了避免噪声污染，要将那些易于发出声音的动物，如猪、狗及灵长类动物与其他动物分离饲养。饲养员为了避免噪声干扰，可以带上保护耳塞，也可以在饲养动物的时候戴上耳机，享受轻柔的音乐。但是不建议饲养员使用双耳塞，因为这样会影响饲养人员对周围环境声音的感知。

突发性噪声会降低啮齿类动物的生育率，甚至导致大小鼠产生音源性疾病。低频声音低于大部分啮齿类动物的听力范围，人类却会感知。在很多实验动物设施中，人们可以使用长波红光灯，大部分啮齿类动物看不见这种光，但是人类可见。总的来说，实验室检测声波的有效方式是检查其音频范围和不定期出现该声波的次数。产生噪声和震颤是某些仪器运行时不可避免的问题，所以在考虑房间布局时，应尽量将能发出噪声的仪器如洗笼机和空调换气设备远离饲养动物的房间。

3. 照明　超过800lux的强光会导致白化病动物视网膜损伤，动物饲养间的室内光线最好保持在每平方米300lux以下。采用电子自动光控制系统设定动物房的光周期，可以选择明暗各12小时的周期变化，也可以根据需要来改变这个周期。

（十九）遗传检测

非啮齿类动物及封闭群啮齿类动物在科学研究中发挥着重大作用，不过种群名称通常毫无意义，比如KM小鼠这个名字，从不同供应商购买的KM小鼠的基因可能不同，即使动物由近交克隆获得，那么它会按照封闭群的命名方法正确命名，供应商也会提供它们正确的身份背景资料。

近交系就不一样了，近交系作为维持种群可以保存很长时间，商家会随时监控以保证该品系的遗传质量。近交系会发生基因突变，不易觉察，但是一旦发生，会影响该种群的遗传质量。

近年来基因工程动物大量涌现，种群数量越来越多，基因检测也越来越受到重视。正确的检测方法必须符合以下条件：①精确度高，可重复性强；②简单易行；③高效率；④经济实惠。

1. 避免种群遗传污染的方法

（1）保持房间清洁。

（2）保持笼子和笼盖完好无损。

（3）将不同种群置于不同房间。

（4）不同种群的动物用不同的卡片来识别。

（5）预防可能发生的动物互换、错放。处理动物时，一次只拿一个笼子。

（6）培训工作人员关于基因的知识。

（7）设置奖励机制，鼓励技术人员或技术专家发现基因变化就上报，如果是新离乳的动物要写清其背景资料。

（8）发现有动物逃离笼子，及时捕捉，进行隔离或处死。

（9）新进技术人员必须跟随熟练技术人员才能进行各项实验操作，直至能胜任本职工作，才可独自操作。

（10）繁育时，随时注意避免外来动物进入繁育室。

通常遗传检测主要采取下述几种方法，毛色鉴定、皮肤移植、同工酶检测等，而比较先进的方法有聚合酶链式反应（PCR）法、DNA 片段测定法。

建立和维持一个种群是为了保持一个特定的基因，但在繁殖生产过程中很难防止种群中产生遗传漂移，随时检测种群中基因的纯合性十分重要。基因突变亦难避免，维持一个近交系基因纯合性的最好方法就是选择表现正常的动物作为种鼠，同时考察其祖代的生育能力和生育质量。

2. 检测方法

（1）生化标记：动物组织中某种特定的酶可以作为生化标记，这种酶的结构与底物结合后会发生变化，并通过组织化学电泳技术和电化学技术进行检测。通常采集血浆、红细胞、肝肾组织和尿等样本用于检测。

（2）免疫标记：生物体的多种抗原均可以被用作免疫标记，以检测小鼠或其他动物的纯合性。抗原存在于细胞表面，有些只能在特定细胞才能找到，有些存在于所有细胞中。遗传检测中两种常见的抗原类型有红细胞抗原和组织相关性抗原。采用红细胞抗原检测法，动物无须处死，只需采集其少量血液。组织相容性抗原是指细胞表面蛋白。这些蛋白通过特殊机制识别"自己"，排除"异己"。这种蛋白有上百个，可以说每个染色体对应一个相应的蛋白。对这些抗原可采用皮肤移植技术测试，即将被检测动物的一小块皮肤移植于另一个动物身体上。这项工作非常繁琐，包括术前及术后的护理。如果移植的这小块皮肤在另一个动物身体成功移植，则两种动物有相似的组织相容性基因，可以认为它们是同一个品系。但是这种技术也有缺陷：5%～20%的移植失败源于手术的操作不当，很难判断移植失败是由于品系不纯还是手术原因；需要长时间的观测。

（3）下颌骨形态特征：这项技术主要依据不同品系动物的骨架有所不同。不同类型小鼠的下颌骨的测量数据均不相同。下颌骨的比例受基因控制，尽管其形态变化可能受后天环境所影响，但应用特殊的电脑程序，输入相关的参数，即可还原其真实结果。

（4）繁育测试：通过察看一窝的产仔数来检测该群基因是否污染。为了更好地表述繁育实验结果，建议使用繁育指数，每个指数都可来计算平均数、标准差及每个克隆范围。一旦建立一个正常的克隆范围，繁育人员很容易通过数据判断哪些种群在百分点之内，哪些种群超出某个百分点。百分点可以根据被检测种群中动物的数量而定。

PCR 是目前鉴别种群特定基因型的最新方法，只需取动物身体上的小部分组织，提取 DNA 并与阳性动物作比较即可。这种方法简单可行，结果可靠。

第四章 职业健康与安全

实验动物从业人员的职业健康与安全越来越受到重视，设置职业健康与安全的管理制度及规定的主要目的是为了预防伤害与疾病的发生。预防伤害最有效的方法就是对员工进行教育指导和培训。

第一节 风险评估

任何职业安全与健康项目的第一步都是风险评估。为使评估有效，职业健康与安全项目应该包括以下方面：

1. 暴露的强度。
2. 供试品相关的危险（特殊物品风险评估）。
3. 研究中使用的危险品。
4. 雇员个体的敏感度（体质差、怀孕等状况）。
5. 可行的危险控制办法（个人防护设备 PPE、排气排风）。
6. 个人健康史。

风险评估可以直接获知现在的危险，预知减小这种危险所需的保护等级。下面几个要素应包括在风险评估中：

1. 物理危险，比如：重型设备、腐蚀性化学品、动物咬伤以及锋利刀伤。
2. 化学和生物危险，比如：致癌物和感染物。
3. 过敏源。
4. 动物传染病。

员工的个人风险评估通常从聘用之日起开始。细致的身体检查和完整的健康史询问能够发现从前和现在的疾病状况，比如：过敏症、免疫抑制，以及可能增大员工风险的问题如人造（心）瓣膜等。随后的健康史要以证明的形式标注出来，注明雇员健康状况、风险状况可能的变化。该评估过程由医学专家进行，保留会议记录。

在危险评估中，应当考虑技术人员的技术和经验。技术人员应当充分了解所做工作的危险性，应当有足够能力减少个人危险。未经许可，技术人员严禁带小孩、朋友或者亲属进入动物房。

对于特殊的研究项目，危险评估在总体的规则下要求评估全面到位。好的评估要求了解设备类型、实验室培训、人员的安全设施及设备等，以保障工作的安全性。

第二节 物理和化学危害

物理和化学危害是动物实验室中最常见的危害因素。

一、动物咬伤、抓伤、踢伤以及相关伤害

与动物相伴的工作涉及动物可能带来的伤害。了解动物品种、接受培训对于避免动物伤害非常重要，一旦受到伤害，适当的医疗方式可以避免感染的可能。

二、利器

正确使用和处置针头、解剖刀片和其他尖锐物品可以避免操作者以及近距离的人受到伤害。应将这些利器放置到利器盒中。

三、易燃物品

动物房中有时会使用易燃物品。员工通过培训应认识到常见化学品的危害，比如：让乙醇及类似物品远离易燃物。

四、压力容器

高压灭菌器和高压冲洗器都是和高压有关的危险品。员工应当接受专业性培训，确保汽缸与墙体连接牢固，防止倾倒，要保证高压灭菌锅内的压力在降到大气压的时候才能打开。

五、光照

动物房内有时保持昏暗，有时保持一定的光照。确保眼睛适应了昏暗的亮度以后再进入昏暗的房间，防止碰撞到物体而导致伤害。

六、电

动物相关设施内到处都有电路，员工应当学会识别电路的任何异常，并立刻与管理人联系。

七、紫外辐射

很多地方都使用紫外线作为组织培养室或者物体表面杀菌的一种方法。员工应尽量避免暴露在紫外线下，如果必须要暴露在紫外线下工作的话，注意保护眼睛和皮肤。

八、激光

在激光周围工作的人应当接受培训并给予适当的防护设备，免受光束、气溶胶、气体的伤害。

九、辐射

辐射危险来源于放射性核素、荧光镜。主要的危险因素评估有辐射的类型、剂量以及半衰期。像 α 射线、β 射线、γ 射线和 X 射线。α 射线受氦核的双重控制，在自然界中普遍存在，来自铀和镭。从安全的立场讲，α 粒子质量比较大，因而很容易就被一个很薄的吸收体阻挡，例如一张纸或者是皮肤。在体外的时候，它不会有很大的危险，但是进入体内就变得能量巨大，这种能量在一个非常小的空间中沉积下来，导致细胞损坏。β 射线是高速的电子群，生物医学研究实验室中最常见的 β 射线是 ^{3}H、^{14}C、^{35}S 和 ^{32}P。低能量的 β 射线如 ^{3}H、^{14}C 和 ^{35}S，很容易被外层皮肤所吸收（^{32}P 是一个高能量的 β 射线），比 α 射线构成更大的渗透威胁。β 射线在体内足以杀死细胞。β 射线也能产生一个名为韧致辐射的二级形式，是 α 射线的一种形式。韧致辐射在 β 射线穿过物体的时候产生，后被物体的微粒群清除。高能量的 β 射线（^{32}P）产生韧致辐射区域，其中的物体必须予以保护。在这种情况下，一种覆盖型的有机玻璃通常用作主要的防护罩。任何有机玻璃里产生的韧致辐射一开始就会被吸收。γ 射线和 X 射线有渗透能力，通过改变电子、微粒、原子核的冲撞穿透介质，比 α 和 β 射线更有浸透性。不管在身体内外，都具有生物危险。

放射性核素的半衰期是指放射性粒子的数目减少到起始时的一半所用时间。半衰期长的放射性核素较半衰期短的放射性核素有更大的危险。区域性放射性核素的防护必须设置适当的危险警告标记，包括动物房，其中放射性核素的管理是饲养动物培训的一部分。饲养专家以及科研人员必须培训怎样处理含放射性物质的动物以及废弃物。

十、设施保护

适当控制音量、地板清洁、更换滤网等都是维持安全工作环境的重要因素。

十一、行为危险

所有员工都必须学会使用适当的方法进行提拿、推拉重物。重复的卸料、刮笼子动作也有可能导致伤害。

十二、机械伤害

运送装置、地面清洗器、笼具清洁器等所有这些工具都有可能导致伤害。适当的培训和良好维护是免受器械伤害的最好办法。

十三、噪声伤害

机器设备容易产生很大的噪声，在噪声指数高的工作环境里，员工一定要予以保护。

十四、化学品伤害

危险化学品（包括有毒的化学品和致癌物）的性质和数量、暴露方式以及持续时间决定它们的内在风险。大部分化学品有安全说明书，提供了物理安全系数以及物品的有毒信息。与大多数成年人相比，孕妇及其胎儿更容易受到化学品的伤害。洗涤剂、去盐剂、消毒剂、防腐剂、麻醉剂以及杀虫剂都是潜在的危险化学品。适当了解并坚持使用个人防护设备可以减少伤害，必要时可使用排风罩、负压室以及合适的笼具。

十五、感染性病原及因子

病原的致病力、病原性、传播能力以及传播途径都可能成为潜在危险。病原体的种类以及数量都会影响到危险程度。温和的、容易处理的、有防感染措施（疫苗）的病原体比能导致严重疾病但不能有效防御处理的危险小。对于有感染性的病原体和已感染的动物，建议按生物安全等级进行控制。特殊房间、区域、防护罩等也存在感染危险。应用这些设施或者在周围工作的人员都要求进行特殊培训。

十六、伤害记录

所有动物咬伤、刺伤或者直接接触化学危险品以及放射性核素的事件都应当记录。小的伤害通常不需特殊管理，但是管理人员要记录伤害情况，并将受害者送到医疗机构接受适当的治疗和护理。应当建立针对外伤以及潜在感染的标准程序，包括对于猴子咬伤、清创以及可能的抗病毒的预防措施。

第三节　实验动物过敏

实验动物过敏（Laboratory Animnal Alergy，LAA）是实验动物工作人员最常见的职业健康问题，约30%的实验动物工作者有过敏症状，但是实验人员通常忽视或者不重视 LAA。接触过敏原的方式不同，症状也不同：吸入过敏原会导致打喷嚏、眼睛痒以及哮喘；直接接触皮肤会导致皮肤局部发痒。LAA 的产生可能与遗传、过敏原的致病能力以及一些接触因素相关。有过敏症的人对动物性过敏原更易发生 LAA。

防止 LAA 的方法是减少或去除过敏原暴露。使用手套、处理动物之后洗手可以有效地防止皮肤上固有的过敏原再次发作；进入动物房以及动物实验时穿外科手术服或者实验服可以降低暴露率；每次暴露后这些物品必须洗涤或者丢弃。其他预防措施包括：使用特殊器材阻止过敏原，比如：过滤器、生物安全柜、HEPA-过滤垫料丢弃台、单向空气流动、层流架、HEPA-过滤通风系统的独立通风橱都可以减少空气中过敏原的数量。另外，频繁更换房间内新鲜空气以及使用除尘器可以帮助除去实验室中的吸入性过敏原。

第四节　动物传染病

有些动物实验工作需要接触对人体可能有传染性的病原体，必须确保所有可能接触的人员都能得到有效的预防和防护。常规肺结核检查对于所有与动物有关的研究和技术人员来说是必要的。全体员工应当预防免疫与工作相关的感染性疾病，最常见并且推荐给实验动物工作人员的免疫包括：

1. 破伤风　所有参与动物相关实验的工作人员应当免疫破伤风类毒素。
2. 狂犬病　所有参与随机品种狗与猫相关实验的人员应当接种狂犬病疫苗。
3. 牛痘　相关研究和技术员应当接种牛痘。
4. 乙型肝炎　参与血清、血液、人或者猿体内组织实验的人员应当接受乙肝疫苗。

从事特殊研究的人员还有很多疫苗免疫。比如炭疽病、肉毒杆菌、霍乱、白喉、马脑脊髓炎、甲型肝炎、流感、日本脑炎、麻疹、流行性脑脊髓炎、腺鼠疫、脊髓灰质炎、Q-热、风疹、伤寒症以及黄热病。这些疫苗可以通过商业途径或者通过疾病控制预防中心、临床医学门诊、传染病中心等机构获得。常见传染病见表4-1。

第五节　个人卫生与防护

除过敏原之外，个人通过使用防护服、手套、面具、呼吸器以及鞋套来预防传染源和有毒暴露物。接触任何动物和危险试剂后首先要洗手。严禁在实验室和动物房内食用食物、饮料、吸烟或者储存食物。技术人员应当知晓违反规定的严重后果。

个人防护需要穿戴防护装备比如实验服、护目镜、面具、手套以及使用特殊仪器或设备如生物安全柜，还应当有安全的方法来监测暴露于危险品的可能，保护设备及监测设备都应当具备，比如佩戴射线计量器，任何单一设备都不能提供完整的保护。实验动物技术人员应当牢记环境健康与安全规范是保证人员安全的首要条件。

一、呼吸器

工作中有危险品（如有毒化学气体，生物安全一、二级的感染性病原体）时必须使用呼吸器。过敏体质的人使用呼吸器不仅是因为工作中可能接触危险品，而且实验动物本身就是过敏原。呼吸器有几种型号，根据接触到的危险品类型和数量选择呼吸器，应由医生决定技术人员是否需要使用呼吸器。为确保呼吸器功能正常，检查面具封条的完好性很重要。安全员应当检查每一位员工的呼吸器，以确保合适。颧骨突出、皮肤皱褶深、头发和眼镜都有可能影响封条的密封性。另外，出汗多或者幽闭恐惧症可能导致不安或者想揭开面具。因此，在安排员工处理危险品的时候，应当评估他们能否适应这种类型的器具，如果不适应这种紧闭的呼吸器，应调换成可进行空气交换的呼吸器。

二、眼睛及皮肤防护

工作中遇到含有可能损伤眼睛的物质时，应当戴安全镜和面罩。像呼吸器一样，应当保证有害物质完全隔离在眼睛之外。手套是隔离感染源和其他感染菌种的第一道屏障。但是，由聚乙烯和聚氯乙烯制作的薄手套隔离细菌无效，乳胶手套可以很好地防护感染源入侵。

三、生物安全柜

生物安全柜有三个级别。一、二级安全柜使用空气帘形成屏障，三级安全柜的柜体完全密闭，通过连接在柜体上的手套进行操作，俗称手套箱，防止试验者直接接触安全柜内东西。空气流必须定期调整以适应安全柜的性能，每年都要对安全柜的性能进行检测。

HEPA 过滤器不能移除空气中的气态成分，因此，麻醉气体或者其他挥发性气体不能在其内使用。挥发性试剂可以在负压通风柜中使用。

水平或垂直的层流柜前面通常缺少挡板，只能保护工作界面，而不包括使用者。干净过滤的空气在这些通风橱内穿过工作区，直接或间接地吹向使用者。这些通风橱很少或者不能保护使用者，所以涉及危险品的工作最好不要使用这些通风橱。

使用生物安全柜应严格遵守以下事项：

1. 安全柜应当在整个工作过程中持续运行。

2. 窗口应当低于 20cm，空气流速不低于 0.5m/s。

3. 尽量减少柜内使用或者储存的器具。

4. 工作开始前，将所有能用到的物品摆放其中，并提前几分钟通风。

5. 不要把物品摆放在正前方，这样可能会降低气流。

6. 污染品应当与干净物品分开放置。

7. 柜内的空气屏障不能被阻断，手臂进出安全柜时应快速。

8. 废弃物收集箱应当放在柜内。

9. 二级安全柜内不能使用易燃品，因为产生的空气流动会妨碍柜内的空气流，导致工作面和房间污染，也可能点燃 HEPA 过滤器。

10. 涉及生物危险品、吸水毛巾、去污剂等，如 70% 乙醇、10% 次氯酸钠应当在柜内保存，工作界面在每次使用之前或者工作完成后都应当用酒精擦拭。

第六节 废弃物处理

实验动物设施内有两类常见的废弃物：普通废弃物和危险废弃物。普通废弃物包括脏垫料、健康实验动物尸体等；危险废弃物包括有毒化学品、感染或者辐射性物品、污染或患病动物尸体。

动物实验中产生的危险废弃物主要指接触传染病病毒或者放射性核素的污染垫料和尸体；实验室诊断也常常产生危险废弃物，如血液、血液衍生物、体液以及生物制品；使用其中的病理组织等应引起足够重视。另外有毒化学品尽管产生的废弃物不像感染性和辐射性废弃物那样多，但也应该引起重视。

很多单位雇佣专人处理废弃物，处理方法应符合单位、地方、国家法律法规。无论是管理人员还是直接处理动物设施废弃物的技术人员，常常涉及到处理废弃物、区分混合物、包装废弃物、高压灭菌和焚化废弃物等工作。恰当地处理废弃物可以在工作人员、环境和废弃物之间筑成一道物理屏障。防护服、塑料袋、垃圾箱、密封处理车以及特殊的污水处理管道和泵维持着这道屏障。通过焚烧减少致病废弃物或者高压灭菌防止感染。灭菌后的废弃物可当做生活垃圾运送到垃圾填埋场。

动物设施中产生的无危险的废弃物常常在处理中存在另外的问题。比如说，脏的动物垫料在室温下放置时间过长会变臭，应及时清理，健康动物的脏垫料通常不要求去污处理，可与脏的废弃物一起运送到垃圾填埋场。

缝针、外科刀片、移液器、碎玻璃、取样针头以及其他渗透性物品都可能给工作人员带来物理伤害。可以将利器放置到标记明显、防漏、防渗的容器当中，这些容器要符合单位废弃物处理标准。注射针头、手术刀片常常放置到一个高强度、保温的塑料桶中。用过的缝针和注射器应该立刻完整地投到利器桶里。利器桶一般放置在废弃物较多的地方，比如动物房、尸体解剖室。

生物废弃物可能包含感染性菌种、危险品，未经处理的废弃物可能不同程度地导致疾病。为了减少交叉污染，危险废弃物应该和其他废弃物区分开，尽量减少暴露，避免污染环境。危险品应密封保存在人员不易够到的地方，并有明显标记如常见的危险或者辐射标志。

在动物设施中处理危险品时必须使用保护性手套、实验服以及常洗手。

装载和转运感染性废弃物的容器各不相同，这些容器是由防漏纸或纸板、不锈钢或隔热的聚合物制成。固体废弃物（如移液器）可以装在有密封印章的盒子、平盘里。液体废弃物可以收集到防漏、防污染的容器中。防渗透、防污染的容器收集碎玻璃、易脆塑料制品、针头以及解剖刀片等利器十分必要。湿的污染物应当用充足的吸水性材料包裹，保证剩余液体不泄漏。转运废弃物时应当双层包裹，并且每个独立密封。

蒸汽高压灭菌是处理感染性废弃物的一种方法。台式高压灭菌通常消毒小物品，如小玻璃器皿、移液管和注射器。大物品应当在双扉高压灭菌器中进行灭菌。高压灭菌后的废弃物可以和常规废弃物一样处理。辐射性核素或者耐热有毒的化学品不宜采用高压灭菌，污染的热蒸汽可能会散发到环境中。像动物尸体这类废弃物在高压灭菌器中很难灭菌，因此要通过焚烧的方法处理动物尸体。焚烧用来处理大容量的废弃物以及污染的垫料，着重减少污染体积，最后变成灰烬。为保证安全有效的充分焚烧，必须有足够的暴露时间和混合时间、足够高的温度、足够的氧气参与，否则产生二次燃烧物。

辐射物应根据同位素和类型（液体、固体、尸体或其他）区别放置并标记。储存和转运干的辐射废弃物时应当包装在适当的容器中。比如说针头、解剖刀片应当放置在防漏容器中，塑料、纸以及手套应当放在干净的塑料包里便于检查内容物。

混合废弃物包含多种危险品，比如辐射物、感染物和有毒化合物。处理混合物时，应仔细评估废弃物的成分，选择最佳的处理策略。高压灭菌混合废弃物时，要防止挥发性核素、有毒化品和致癌物质等挥发。易燃化学品如乙醚不应高压灭菌。混合废弃物在处理之前首先应进行化学消毒，确保消毒的过程不会出现另外的问题。

表 4-1   非接触式人兽共患病

通用名	病原体	动物源	风险/严重程度	人类感染症状
布鲁菌病	布鲁菌	狗，绵羊，牛，猪，山羊	低/中→高	起病渐进，间歇性发热，寒战，出汗，头痛，肌肉疼痛，疲劳，虚弱，不适，体重下降；恢复期长，慢性可复发；可有神经系统心血管系统并发症，关节炎
大肠杆菌病	埃希菌属	脊椎动物	低/中	肺炎，泌尿系疾病，痢疾
流行性出血热	流行性出血热病毒	啮齿动物	低/高	不自觉起病；发热伴神经症状，肾衰，头痛，声音手足震颤，30%～40%死亡率
麻风病	分枝杆菌属	犰狳	低/高	从局部单个损害演变为全身疾患
淋巴细胞性脉络丛脑膜炎	LCM病毒	啮齿动物	低/高	发热，肌肉疼痛，颈部僵硬，头痛，嗜睡，皮肤反应异常，瘫痪；多为自限性，可致死
鼠疫	鼠疫耶尔森杆菌	地松鼠，野生啮齿动物	低/高	淋巴腺肿型：发热，寒战，恶心，痢疾，头痛，髓膜炎，昏迷，区域性淋巴结病，若不治疗可有60%死亡率 肺部型：咳嗽，呼吸困难，伴有鲜红色黏痰；可进展至败血病，伴有循环衰竭和痢疾。若不治可由95%死亡率
肺囊虫肺炎	肺炎肺囊虫	啮齿动物，豚鼠，兔，狗，猫，牛，绵羊，猪，猴	免疫受损人群患病风险高/高	多发生于患有严重潜在疾病或免疫力低下的人群；肺炎，呼吸困难，干咳，中度发热，呼吸急促，发绀

续表

通用名	病原体	动物源	风险/严重程度	人类感染症状
Q 热	立克次菌体	绵羊，牛，山羊	中/中	突然发热，球后或前额痛，寒战肌肉疼痛，出汗，身体虚弱，不适，肺炎，心内膜炎，肝炎
皮肤癣菌病	小孢子菌属或毛癣菌属	猫，兔，狗	高/低	全身癣，脱发；发痒；偶见红斑，硬结，痂皮和化脓
沙门菌病	沙门菌	所有动物	低/中	痢疾，呕吐，低热；可进展至脱水，虚脱，死亡；感染症状包括伴有寒战的高热，败血病，脾大，头痛
埃博拉出血热（马尔堡病）	线状病毒	非人灵长类动物	低/很高	发热，头痛，肌肉疼痛，呕吐，结膜充血，痢疾，喉咙痛，出血，高死亡率
弓形虫病	弓形虫	猫	中/中	淋巴结病，发热，头痛，肌肉疼痛，颈部僵硬，厌食；偶见关节痛，斑丘疹，意识模糊
肺结核	分枝杆菌属	牛，鸟，非人类的灵长类动物，人	中→高/中→高	肺部：干咳，发热，体重下降，疲劳，盗汗，胸痛，咯血；肺外：颈淋巴结炎，髓膜炎，骨髓炎，心包炎及其他器官的感染。目前越来越多的耐药菌属出现
痘病毒病	痘病毒	非人灵长类动物	中/中	四肢、手、脚、脸、耳丘疹进展至皮下肿瘤；区域性淋巴结病

表 4-2　接触式人兽共患病

通用名	病原体	动物源	风险/严重程度	感染途径	人类感染症状
猫抓病	巴尔通体属	猫	低/高	猫抓或咬	接种部位呈红斑丘疹继而出现单侧区域性淋巴结病；厌食，肌肉疼痛，恶心
乙型肝炎	乙型肝炎病毒	黑猩猩，长臂猿，人类	中/高	皮肤/黏膜接触血液、唾液或精液	过敏（关节痛，皮疹，脉管炎）；厌食症，易疲劳，寒战，发热，黄疸；肝感染坏死；可慢性发作
疱疹	猿猴疱疹病毒 B	短尾猿	中/非常高	唾液	入侵部位 3 周内出现区域性淋巴结病，发热，头痛，恶心，上行性脊髓炎，脑炎，死亡率很高
巴氏杆菌病	巴氏杆菌	狗，猫，兔，反刍动物，鸟	低/中	狗或鸟咬伤	有以下一种或多种症状：伤口感染，上下呼吸道感染，腹部或骨盆感染，败血病；并发症包括关节炎，骨髓炎或致命性脓毒血症

续表

通用名	病原体	动物源	风险/严重程度	感染途径	人类感染症状
狂犬病	狂犬病毒	多为狗、猫、蝙蝠、浣熊等哺乳动物	低→高/很高	被感染动物咬伤；皮肤接触感染动物唾液	性情改变，发热，流涎，声音改变，攻击行为；上行性麻痹，忧虑，头痛，失眠，死亡率高
鼠咬热（哈佛希）	链球菌属	鼠	中/中	鼠咬伤	高热，寒战，背痛，意识混乱，呕吐，喉咙痛，肌肉疼痛
鼠咬热（小螺菌）	小螺菌	鼠	中/中	鼠咬伤	咬伤部位非化脓性硬性肿胀，伴有区域性淋巴结炎，消化系统，肌肉疼痛，关节痛，头痛，有时伴有中枢神经系统症状，可复发
破伤风	梭菌属	草食动物	低/很高	咬或抓伤；伤口被污染	间歇或持续性中毒性痉挛；窒息
狗或猫咬伤致败血病	二氧化碳噬纤维菌	狗，猫	免疫低下或脾切除人群患病风险高	咬伤即使很轻微的咬伤	发热，头痛，寒战，不适，肌肉疼痛，关节疼痛，呕吐，痢疾，腹痛，咳嗽，意识模糊，癫痫，坏疽，33%死亡率

表 4-3　适合实验动物设施的抗菌试剂

抗菌试剂	应用	优点	缺点
氯气或者次氯酸钠	水源抗感染食物和日常工业	快速杀菌 可能消毒食物表面	有效性依赖 pH；在重金属或暴露在紫外光下无效；有难闻气味 不能杀灭芽胞；残留 对某些物品有腐蚀性；漂白一些物品的表面
二氧化氯	硬物表面灭菌	灭结核菌和病毒，快速杀灭芽胞；可以用作耐热材料的灭菌剂	对某些物品有腐蚀性
碘伏	硬物表面灭菌	很好的消毒剂	可能留有污迹；刺激黏膜；暴露在紫外光下无效
酚类化合物	硬物表面灭菌	广谱杀菌	遇阳离子无效 不能杀灭芽胞
四氯化铵	硬物表面灭菌	广谱杀菌	抵抗假单胞菌能力较差 不能杀灭芽胞 遇肥皂效力降低
酒精	硬物表面灭菌	广谱杀菌	挥发易燃 不能杀灭芽胞

续表

抗菌试剂	应用	优点	缺点
戊二醛	硬物表面灭菌	无污迹残留和腐蚀；广谱灭菌，杀病毒，杀灭芽胞；用作塑料、橡胶、镜头以及其他物品的消毒	使用稀释液不稳定 低 pH 有腐蚀性 对皮肤和黏膜有刺激 气味大

第七节 应 急 预 案

每个动物设施都应有针对人员和动物的应急预案，预案包括疏散方案、疏散后聚集、人员的医疗护理，应急预案应当在模拟真实的情况下进行演习。紧急情况下，首先协助可能继续受到伤害的人员逃离现场，受伤但是没有受到进一步危险的人可以暂时不逃离。实验动物设施应当安装警报和电话系统，一旦警报响起，立刻做出反应。如需医疗援助应当快速呼叫。缺少医疗人员的动物设施，应当对技术人员进行急救培训。

常见的急救盒要随时准备好，包括不同颜色编码的包装。

为保证使用，急救盒应及时补充更换急救物品。

动物设施内断电会导致热量、通风以及空气调节系统故障。在夏天，会导致大批动物死亡。因此，应急计划应包括当地电力公司或私人安全机构在非工作日来监测动物设施，一旦紧急情况发生，立即通知相关技术人员。

应急预案还应包括撤离和解救动物的实施方法。

延伸阅读

1. 加拿大动物管理委员会. 实验用动物管理与使用指南. 军事医学科学院实验动物中心（译）. 北京：原子能出版社，1993.

2. 李学勇. 实验动物设施运行管理指南. 北京：科学出版社，2008.

3. 中国医学科学院医学实验动物研究所、中国质检出版社第一编辑室. 实验动物标准汇编. 北京：中国质量出版社、中国标准出版社联合出版，2011.

4. 秦川. 医学实验动物学（第二版）. 北京：人民卫生出版社，2014.

5. 贺争鸣，李根平，李冠民等. 实验动物福利与动物实验科学. 北京：科学出版社，2011.

6. 王禄增，王捷，于海英. 动物暨实验动物福利学法规进展. 沈阳：辽宁民族出版社，2004.

7. 常纪文. 福利法——中国与欧盟之比较. 北京：中国环境科学出版社，2006.

8. P. Timothy Lawson. Laboratory Animal Technician Training Manual. American Association for Laboratory Animal Science，2004.

第 二 篇
实验动物学的科学基础

第五章 细胞与组织的结构与功能

细胞是机体最重要的基本单位，可自我复制并独立生存。组织则是更为复杂的结构，多由相同类型的细胞通过细胞间物质连接组成。

第一节 细 胞

细胞分为原核细胞和真核细胞，二者的主要区别在于真核细胞的细胞核通过核膜与细胞质分开。原核生物多为单细胞生物，比如细菌和蓝绿藻类，而真核生物分为单细胞生物和多细胞生物。所有的细胞外部均有膜将其与周围环境分开，在植物细胞或特定细菌中该膜称为细胞壁。真核细胞的细胞质中有细胞器例如线粒体，为细胞的日常代谢提供能量。

一、细胞膜

细胞膜是一种磷脂双层膜，内含蛋白质和碳水化合物，磷脂有亲水基和疏水基，细胞膜内磷脂疏水基互相指向，即一层磷脂头指向细胞外，另一层指向细胞内。由于细胞膜的化学特性，大分子和亲水物质如钙离子、钠离子和葡萄糖不可自由穿过细胞膜；而小分子和疏水物质如 CO_2 和 O_2 可穿过；细胞膜内其他分子，如蛋白质通道，可选择性让特定物质通过细胞膜。

二、流体转运

细胞膜的分子运输包括主动转运和被动转运，被动转运不需消耗细胞能量，而主动转运需耗能。

（一）被动转运

物质通过细胞膜的被动转运过程不需要消耗细胞能量。扩散是指物质从高浓度向低浓度的运动，比如向一杯水中加入一滴染料，即使不搅拌染料也会扩散直至整杯水，浓度均匀。溶质（染料）向溶剂（水）内扩散的比率取决于溶质的浓度、颗粒大小、温度和浓度差。

渗透是通过半透膜扩散的一种形式，半透膜可使溶剂通过但阻止溶质通过，溶剂分子自高浓度向低浓度运动。例如，体积相同、浓度分别为 10% 和 20% 的葡萄糖溶液被半透膜分隔，半透膜可使水通过但阻止葡萄糖分子通过，浓度高的溶液会产生渗透压，水在半透膜内可朝两个方向自由扩散，呈现向 20% 溶液的净向运动，最终两溶液浓度接近相同；达到平衡后水分子仍朝两个方向扩散但量相同。

等张性是与渗透相关的概念，当两溶液浓度相同时称液体呈等张状态，也称等渗液，若溶液浓度低于另一相同溶质的溶液则称低渗，反之则称高渗。该概念常用于比较静脉内输液与血液。向哺乳动物输入等渗液（0.9% 氯化钠溶液或 5% 葡萄糖溶液）不会改变哺乳动物的细胞外液渗透压但可增加细胞外液容量；而高渗溶液可增加渗透压，使胞内水分进入细胞外从而使细胞收缩；低渗液可使细胞外液渗透压降低，水分进入细胞使细胞膨胀。

细胞转运糖类等大分子主要有两种机制，第一种称易化扩散，膜内蛋白形成通道，使特定物质穿过，即通道转运易化扩散；第二种称载体介导转运，运载蛋白与溶质分子相结合，可能通过其本身构型的变化将该物质从膜一侧运至另一侧。

（二）主动转运

指物质逆浓度差的跨膜转运，需消耗细胞能量，主动转运会消耗机体 20% 的能量。多数主动转运通过载体蛋白完成，载体蛋白质在膜一侧结合转运物质，于膜的另一侧将物质释放。

$Na^+ - K^+$ 泵是所有细胞重要的主动转运系统，可使细胞膜内外保持高浓度的钠钾浓度差。这些浓度差的维持需要消耗细胞能量。保持钠钾浓度差对维持正常的细胞功能非常重要。在神经细胞和肌肉纤维中，神经冲动都是通过胞膜的电生理变化传递，这些电生理变化由一系列复杂过程实现，其中包括钠离子突然由胞外传至胞内。

大分子甚至整个细胞均可通过内吞作用进入宿主细胞，表现为胞饮作用或吞噬作用。胞饮作用中，部分细胞膜与小分子细胞外蛋白或流体结合后进入细胞质，形成细胞内小泡；吞噬作用中，胞膜与大分子细胞外物质比如细菌或其他类型细胞结合，继而细胞将之吞并，形成细胞内小泡。与胞吞作用相反，胞内物质的排出称为胞外分泌。

三、细胞质

细胞质包括除细胞核外的所有细胞成分，外面包被细胞膜。细胞质包括很多具有功能结构的细胞器，均有膜包被。这些细胞器在光镜下很难区分，但在电镜下可观测其超微结构。内质网是一种复杂的连续网状膜系统，呈管状或扁平状，在蛋白质和脂类合成中起重要作用。有些称作粗面内质网，其膜外部附着核糖体。核糖体由 RNA 和蛋白质组成，内质网合成的蛋白质在高尔基体内被进一步修饰，然后运至其他细胞器。

线粒体是有多种形态的细胞器，在细胞呼吸中起重要作用。线粒体通过产生三磷腺苷

（ATP）的方式产能，ATP 为细胞各种功能所必需。溶酶体也为膜性细胞器，其内含的浓缩酶可分解通过胞饮作用或吞噬作用进入胞内的蛋白质、脂肪和碳水化合物，使之被细胞利用。细胞内也可见结晶体和色素粒，有些细胞含有微丝，在肌细胞内平行排列或随意排列，微丝与细胞形态和运动有关。微管是分布于胞质内长的空管，可指导物质运输并参与维持细胞的形态，有些微管参与细胞运动有关的纤毛和鞭毛组成。

很多细胞在其自由面伸出毛发样结构，若伸出物多而短则称纤毛，细胞称为纤毛细胞。很多纤毛细胞的纤毛均朝一个方向运动，共同清除液体和固体物质，比如参与呼吸过程的细胞，纤毛也可使自由生活的细胞产生运动；若细胞只有很少的毛发样结构（多为一到两条）且很长（$100 \sim 200 \mu m$）则成为鞭毛，细胞称为鞭毛细胞。鞭毛的主要作用是使细胞在液体中运动。纤毛和鞭毛在结构上类似，均为胞膜的延伸，含有 11 套微管系统。

四、细胞核

真核细胞的细胞核呈圆形，被核膜包被，位于细胞质中。细胞核在生殖和蛋白质的合成中起重要作用，这些代谢活动均为两种核酸分子脱氧核糖核酸（DNA）和核糖核酸（RNA）作用的结果。细胞核内含有 DNA 和 RNA，而细胞质内只有 RNA。

DNA 多为双链，由长链聚合物或结构单位——核苷酸组成。一个核苷酸包括一个糖分子（脱氧核糖）、一个磷酸单位和一个含氮碱基组成，含氮碱基可为腺嘌呤、鸟嘌呤、胞嘧啶或胸腺嘧啶。RNA 结构与 DNA 类似，只是糖分子为核糖，尿嘧啶取代胸腺嘧啶，分子为单链。DNA 单链或 RNA 通过糖分子、含氮碱基和磷酸单位组合形成。

DNA 分子是基因的基本单位，可决定遗传性状。不同基因含氮碱基的次序不同。通常在非活动状态下，DNA 分子呈双螺旋结构，类似于扭曲的梯子，配对的碱基通过氢键连接在一起。腺嘌呤多与胸腺嘧啶配对，鸟嘌呤多与胞嘧啶配对。复制过程（细胞分裂）可保证遗传密码在新生成的细胞中能被识别。

DNA 分子的复制首先是 DNA 分子解旋为单链结构，单链继而作为复制模板通过一系列酶反应合成互补链，当形成新的双链分子时复制结束。复制过程中胞核内含 DNA 的染色质缩合为染色体。

除了作为 DNA 复制的模板，DNA 也可为 RNA 合成提供模板。但 RNA 中腺嘌呤与尿嘧啶配对，这样产生的 RNA 成为信使 RNA（mRNA）。信使 RNA 离开胞核与胞质内的核糖体结合，RNA 上的核糖体序列为蛋白质合成提供合成编码。

核膜包被在细胞核外，使之与细胞质分开。与细胞膜类似，核膜也由磷脂双层膜构成，但在双层膜结合处有明显孔隙。这些孔隙可选择性通过小的水溶性分子，大分子如 RNA 和蛋白质通过主动转运通过核膜。

第二节　组　织

细胞通过纤维状或无定形的细胞间质构成具有特定功能的组织。脊椎动物组织可分为四大类：上皮组织、结缔组织（包括血细胞）、肌肉组织和神经组织。

一、上皮组织

上皮组织由紧密相连的细胞组成，细胞间质很少。上皮可保护其内部结构免受机械损伤和体液丧失。上皮具有感知能力，其内含有感受冷热或痛觉的特定细胞。

上皮的游离层形态与其功能密切相关，例如上皮的角化层可使下方组织免受摩擦并防水，皮肤是有角化层的上皮代表。微绒毛为细胞表面指状延伸结构，可大大增加组织的吸收表面；小肠上皮细胞含有微绒毛，有利于营养物质的吸收。

内分泌腺的上皮细胞含有分泌液泡。有些上皮组织表面有纤毛细胞，可使物质在组织表面朝同一方向运动，气管表面有含纤毛细胞的上皮。多数上皮组织比如皮肤和内脏内层，持续受到机械侵蚀后，随着表面的细胞磨去，会有新的细胞产生。

二、结缔组织

结缔组织的主要功能是维持其他组织和器官的形态和代谢，该组织以含有细胞间液的无定形物质围绕的细胞为特征。细胞间液是养分和代谢废物与血液交换的媒介，总体来说结缔组织分为四种类型：致密和疏松结缔组织、脂肪组织、软骨和骨。严格意义上讲，血细胞不符合结缔组织的概念，但组织学研究中常把它们划入结缔组织。

三、肌肉组织

肌肉组织有两种类型：平滑肌和横纹肌，两种类型均含肌原纤维。肌原纤维使肌细胞可以收缩，平滑肌随环境变化呈不自主或强直性收缩，见于消化道、食管、胃、肠和其他消化器官，也见于腺体导管、部分呼吸系统、血管、膀胱、子宫等器官。平滑肌的节律性收缩呈波状在器官内传播，常呈待发状态，从而维持器官在机体内的形状和位置。

横纹肌有两种类型：骨骼肌和心肌。骨骼肌可快速有力收缩，而心肌呈节律性脉冲式收缩。

四、神经组织

多数神经由许多神经细胞或神经元组成，每个神经细胞均由细胞体、胞体毛发样延伸状结构的轴突和许多短而多分叉的树突组成。神经组织的重要特征是其与其他组织如肌肉的通讯能力。神经组织对刺激作出反应、产生冲动后将其传至其他神经细胞或肌肉细胞。

轴突常被髓鞘包被，髓鞘可作为绝缘体，并使神经呈白色。中枢神经系统的许多神经细胞也有髓鞘，参与构成中枢神经系统的白质，灰质的神经细胞多无髓鞘。轴突上有小结称郎飞结，将髓鞘分开，这些小结可促进沿轴突的连续极化和去极化，最终使神经冲动传递下去。

突触是神经元之间、神经与组织如肌肉组织之间的连接，为神经递质的空隙，神经递质是神经纤维末梢生成的化学物质，生成后迅速扩散至空隙，兴奋其他神经元。交感神经的神经递质称作儿茶酚胺，也即去甲肾上腺素。副交感神经系统和骨骼肌的神经递质是乙酰胆碱，乙酰胆碱可被乙酰胆碱酯酶迅速灭活，否则靶器官的肌肉将会长期处于应激状态。许多神经毒性农药和驱虫剂可抑制乙酰胆碱酯酶的活性，导致哺乳动物产生水样腹泻、流涎、呼吸困难、痉挛甚至死亡。

第六章　有机化学和生物化学

化学是一门观察不同种类物质以及它们之间如何相互作用的科学。从初级教材上我们了解了不同的无机元素，如铁、硫、钠和钾；简单的无机化合物如氯化钠（NaCl）可以作为常见的食盐，也是用于治疗脱水病人静脉输液的重要化合物。无机化合物硫酸钡（$BaSO_4$）可用于胃肠道的 X 线检查。本章介绍含碳的有机化学以及生物机体新陈代谢过程中的部分生物化学。

化学试剂以及它们在体内和体外相互作用方式是技术专家基础知识的一个重要部分。比如：用于环境卫生和消毒的化学药品，如乙醇或季铵化合物；利用逆向渗透（RO）和去离子水作用，清除水里的不良化学药品和感染物，以及在稀释洗涤剂和消毒剂时涉及的硬水（Ca^{2+}、Mg^{2+} 或 Fe^{2+} 数量增加）；抗原－抗体反应作为血清检测内容的一部分，可能出现的交叉反应造成假阳性；临床化学，如检测肾功能时分析血尿素氮（BUN）；信息素对饲养的影响；化学安全，如用活性炭过滤器吸收挥发性麻醉剂；药品是怎么在体内被吸收、代谢和排泄的（药物代谢动力学）化学。

本章内容提及许多化学方程式和结构，但实际工作中我们不需要考虑化学方程式，而应该考虑化学在许多方面所起的作用。例如：从给动物用药，到用于动物房消毒的洗涤液等。

第一节　有机化学

有机化合物的总数有几百万种，是无机化合物的十倍以上。这些化合物的共同特征是其化学结构中均含有碳（C）元素。碳原子能结合多种其他化学元素，如氧、氢、氮、氯等等。有机化合物不同于无机化合物，它们的熔点和沸点较低，水溶性更低。

有机化合物构成官能团或家族的一部分，重要的家族包括烷类、烯类、醚类、醛类、酮类和醇类，每类均包含具有相似化学特征的多种化合物。

一、烷类

只含有碳和氢两种元素的化合物，是烃类之一。最简单的烃类是烷类。实验室和家庭经常使用的烷类就是甲烷，甲烷是天然气的重要成分。

二、烯类

$CH_2 = CH_2$表示乙烯化合物，可用于制造消毒空气的环氧乙烷。两个碳原子之间的符号"＝"代表双键，在一些分子中代替单键（$C - C$），维持着化合物的稳定。双键是烷类和烯类之间的区别。

三、醚类

醚类含有直接和两个碳原子相连的氧原子。在一些研究中二乙醚仍然作为吸入性麻醉使用，其化学方程式是$CH_3CH_2 - O - CH_2CH_3$。

四、胺类

含有氮原子和两个氢原子（NH_2）称为氨基，与碳原子相连。氨基是所有氨基酸的组成部分。

五、醛类和酮类

醛和酮结构相似，都含有羰基。因此，醛、酮统称为羰基化合物。在羰基中，碳和氧以双键（$C = O$）相连。羰基化合物中最简单的成员是甲醛。甲醛可用于保存组织，化学式是$HCHO$。

如果羰基与两个碳原子相连，那么该化合物属于酮类。如丙酮，是常见的实验室溶剂，化学式是CH_3COCH_3。酮在糖尿病中也很重要，由于细胞不能很好地利用葡萄糖作为能量的来源，机体便开始大量分解脂肪。脂肪代谢增加使肝产生过多的酮，导致酮中毒。

六、醇类

醇类中的化合物均含有氧分子和氢分子，称为羟基（OH），与碳原子相连。乙醇是实验室常用的有机溶剂，医药上常用作消毒剂。乙醇结构简单，其化学方程式为C_2H_5OH，结构复杂的常用麻醉剂有戊巴比妥、常用的抗生素四环素等。

第二节　生物化学

生物化学是用化学的原理和方法研究生命现象的学科，通过研究生物体的化学组成、代谢、营养、酶功能、遗传信息传递、生物膜、细胞结构及分子病等阐明生命现象。常见化合物包括无机分子如水（H_2O）、无机元素（钠、钾等）、主要有机物质如碳水化合物、蛋白质、脂类（脂肪）和核酸（DNA 基本结构的组成部分）等。

一、碳水化合物

碳水化合物亦称糖类化合物，有许多重要的生物功能，包括以葡萄糖形式的能量储存、植物（纤维素）的支持结构和核酸组成。最简单的碳水化合物是单糖。

体内含量最多的有机化合物是葡萄糖，是最重要的单糖，又称为右旋糖。葡萄糖是淀粉和纤维素的构件，是身体全部代谢过程能量的主要来源；另一种单糖是果糖和半乳糖，果糖可以在水果中发现。

每个二糖分子含有两个单糖，麦芽糖、蔗糖和乳糖是重要的二糖。乳糖在哺乳动物乳汁中发现，由葡萄糖和半乳糖形成。蔗糖或食糖则从甘蔗或甜菜中获取，是葡萄糖和果糖的化合物。

多糖是由许多单糖分子缩合而成的糖类物质。淀粉、纤维素和糖原是几千个葡萄糖分子构成的多糖。淀粉是植物中葡萄糖的贮存形式，糖原是动物中葡萄糖的贮存形式，纤维素则是植物的结构物质。另一个重要的多糖是脱氧核糖，这个碳水化合物有助于形成脱氧核糖核酸，即 DNA 的基本结构。

二、脂类

在生物化学上，脂类具有相同的物理特性，都是不易溶于水而易溶于非极性溶剂的一类有机化合物。与单糖是碳水化合物组成成分，脂肪酸是脂类的组成成分类似。根据原子之间形成的化合键的类型，脂肪酸分为饱和脂肪酸和不饱和脂肪酸。动物脂肪中不饱和脂肪酸含量一般低于 60%，而植物油中不饱和脂肪酸含量高于 80%；饱和脂肪酸包括软脂酸和硬脂酸，最常见的不饱和脂肪酸是油酸和亚麻油酸，由于油酸和亚麻油酸在人体内不能合成，必须由食物供给，是必需脂肪酸。动物的皮肤和皮毛问题经常与脂肪酸的缺乏或代谢异常有关。

甘油三酯是不同脂肪酸与属于醇类的甘油组成的混合物。检测血样中甘油三酯的水平是评价动物和人脂类代谢的常用方法。胆固醇属于类固醇类，检测血清中的胆固醇有助于判定脂类代谢是否正常。

胆固醇和甘油三酯不溶于血液，它们与脂蛋白结合后，在血液中运转。有些脂蛋白在内脏和其他组织间运输来自饮食的外源甘油三酯和胆固醇，另一些脂蛋白运输内源性甘油三酯和胆固醇。我们在食用富含脂肪和脂蛋白的食物后不久，就可以从血样中检测到脂蛋白；离心血样后，血浆变混浊，称为脂血。这种情况下的脂血是正常的，运输和贮存的脂类很快就会溶解掉。

脂类是机体必需的营养物，脂类代谢异常是一个严重的问题。动脉粥样硬化是胆固醇从血中析出并沉淀到血管内壁上，造成血管变窄，不能供应正常体积的血液。该沉淀称为斑，原因为不同类型脂蛋白的失衡（HDL/LDL）。随着 LDL 水平的增加，动脉粥样硬化在人类很常见，但在动物极少自然出现，因此，研究造成动脉粥样硬化可能的机制并不容易。

基因工程技术创造出过量表达胆固醇和其他脂类的小鼠，这些小鼠表现出与人很相似的动脉粥样硬化病变。

类固醇包括性激素、肾上腺皮质酮、维生素 D 以及胆固醇。脂类如前列腺素在调节血压、控制胃液分泌、引产术和炎症阶段中发挥作用。此外，脂类也是构成神经周围的包覆层，也是细胞膜的主要成分。

脂类化合物的另一个作用是制造肥皂和去污剂。脂类有机化合物与其他有机化合物结合溶解油污，从而可以用水洗净。硬水由于含有一个或更多的金属离子（$Ca^{2+}/Mg^{2+}/Fe^{2+}$），金属离子与肥皂分子结合形成沉淀，从溶液中析出，同时，沉淀使溶液中溶解油脂的肥皂变少，减弱了去污剂的作用。

三、蛋白质

正如多糖形成碳水化合物，氨基酸连在一起形成多肽，多肽形成蛋白质。尽管只有 20 种氨基酸，但蛋白质的种类多种多样，这是由于构成蛋白质分子的氨基酸种类、数量和排列顺序不同引起的。

蛋白质成分大约占机体干重的一半，在机体中执行广泛的功能：

1. 结构蛋白，组成如肌细胞内的纤维和一些病毒的外膜。
2. 酶，可以增强其他化学反应的化学试剂，如脂肪酶可增强脂肪的消化。
3. 调节蛋白，有助于开启或关闭某些特定的化学反应。
4. 运输蛋白，如携带脂类蛋白（脂蛋白）、携带氧的血红蛋白等。
5. 激素，如胰岛素和甲状腺素。
6. 保护性蛋白，如抗体、凝血蛋白如纤维蛋白原。
7. 毒素，如蛇毒。

胶原是哺乳动物体内含量最丰富的蛋白，大约占总蛋白的三分之一，它是骨骼、肌腱和角膜以及其他结缔组织的重要组成成分。

第七章 分子生物学

　　分子生物学是研究每一个活细胞内分子之间的相互作用，尤其是对涉及基因和基因产物的那些分子。分子生物学技术可以判定遗传特征（眼睛颜色、身体大小）如何与潜在的产生它们的化学过程联系起来。科学家能改变生物体（植物和动物）的遗传构成，进而改变生物体本身。基因工程学是操纵生物体遗传构成的科学。

　　要掌握分子生物学就需要理解基本的遗传原理。第一个原理是，细菌有 2000～4000 个基因，植物和动物大概有 50 000 到 100 000 个基因，全部基因效应的总和决定生物体的特征。同样的，每个生物体内有几百万个化学反应在进行，每个反应和化学途径由基因确定。确定花是红色或白色的基因可能是产生红色素的化学途径中的某一步骤的原因，如果该基因缺陷就不能生成红色素，花就变成白色。每一个化学反应均受到称为酶的特定蛋白的影响，每个酶均在基因的指导下生成。

　　绝大多数生物化学反应包括许多步骤。每一步开始于称为前体的化学品，终止于最终产物的产生。以花为例，如果产生红色素的化学反应需要 3 步，每一步都有一个单独的前体、单独的酶，每一个酶均在单独的基因指导下产生。当红色素基因正常行使功能时，花是红色的，即野生型。DNA 的改变造成基因功能异常，称为突变，产生的白花被称为突变体。有机体的遗传基因结构叫做基因型，这种遗传组成的结果即有机体的表型，称为表型。

　　基因如何行使功能方面的重大突破是发现基因由脱氧核糖核酸（DNA）组成。有机体的全部基因排列在染色体上。简单的有机体，如细菌能把它的全部基因都排列在一条染色体上，复杂的有机体需要多条染色体。每个基因是排列在染色体特定位置的一套信息。脱氧核糖核酸是多聚体，它的化学构成是由一系列更小的化学亚单位通过常见的键联系在一起。这些化学亚单位称为核苷酸，DNA 只含有 4 种核苷酸，每一个核苷酸由一个磷酸分子（H_2PO_4）、一个糖分子（脱氧核糖）和一个碱基组成。在 DNA 中有四种碱基：腺嘌呤（A）、胸腺嘧啶（T）、鸟嘌呤（G）和胞嘧啶（C）。这 4 种碱基的排列顺序是一个基因区别其他基因的要素。排列在 DNA 上的两条链的核苷酸，两个碱基通过氢键相连。这些碱基结合很特异，称为碱基对。即腺嘌呤只与胸腺嘧啶结合，鸟嘌呤仅和胞嘧啶结合，这种结合叫互补。如果已知碱基对的一个，也就知道了另一个碱基，因为 A 只与 T 结合，G 只结合 C。

第一节　复　　制

细胞通过分裂而增殖。由于每一个细胞有一套完整的染色体，染色体复制的第一步要求组成 DNA 双螺旋的两条链分开。两条链一旦分开，细胞内游离的碱基开始与构成染色体单链上的碱基结合。就像初始链一样，A－T 和 G－C 是唯一可能的结合方式。结合一旦全部完成，初始链的精确复制就产生了，然后细胞分裂，每一个子细胞获得初始链的精确复制副本。

第二节　转　　录

包含遗传信息的 DNA 复制不是直接把信息源传给子细胞，而是通过另一种核苷酸，称为核糖核酸（RNA）的方式，从核内 DNA 传到细胞的其他地方。核糖核酸不同于 DNA，它的糖分子是核糖而不是脱氧核糖，尿嘧啶代替了胸腺嘧啶。RNA 有几种类型，但携带信息、从核内 DNA 到细胞其他地方的 RNA 类型称为信使 RNA（略写为 mRNA）。通过 RNA 把信息从 DNA 传递到细胞的过程，称为转录。转录的起始与复制的起始相似，即 DNA 的两条链在碱基对结合的位置分开，细胞内游离的碱基出现碱基互补配对，这样新的 RNA 单链含有来自 DNA 单链的互补信息。RNA 不形成双链，而是以单链形式存在。

第三节　翻　　译

在细胞核内，一旦来自 DNA 的信息被转录成 mRNA，mRNA 就从核移出、进入细胞质，结合在核糖体上。核糖体是细胞的编码机器，携带 mRNA 编码并把它变成蛋白质，这一过程称为翻译。翻译过程中，3 个 mRNA 的碱基为一组，称为密码子，被核糖体阅读，每一个密码子代表单一的氨基酸。由 mRNA 上的密码子序列确定的氨基酸的排序决定这个单一基因产生哪一种蛋白质。

第四节　分子生物学技术

了解了 DNA 怎样行使功能不但使科学家能研究基因的功能，而且可以人为操纵基因以创造携带特定遗传特征的动物和植物。传统方法是筛选培育有理想性状的后代，现在可以在实验室里通过构建理想的遗传密码并把这个密码导入处于发育过程中的胚胎，这一过程称为基因工程。要了解基因是如何在实验室内被鉴定和操纵的，就要了解几个技术，包括 DNA 的提取、纯化、酶切、分离、得到更多的理想片段，检测证实所分离的片段是目的片段等。

一、DNA 提取和纯化

提取 DNA 的过程包括用化学的方法裂解细胞，释放包括蛋白质和 DNA 在内的内容物进入溶液，在样品中加入可溶解蛋白质的化学试剂，然后把溶液放入离心机，高速离心样品，使 DNA 分离出来。加入另一种化学试剂除去其他的组织杂质，再次离心。加入另一种化学试剂（乙醇），再次离心样品，这时只剩下小块的纯化的 DNA 留在管底。

二、DNA 剪切

从细胞分离出的遗传物质由很大的、可能含有几千个基因的 DNA 组成。绝大多数科学家只对其中的 1 个或 2 个基因感兴趣，因此人们期望把染色体剪切成更小的片段。把特异性限制性内切酶加入 DNA 样品，这些酶与特定碱基对序列上的 DNA 结合，并在这些位点剪切 DNA，不同的限制性内切酶结合在不同的位点，因此同一样品中加入几个不同的限制性内切酶，可产生许多更小片段的 DNA。

三、分离片段

限制性内切酶结合在 DNA 的不同位置并剪切，形成不同长度的 DNA 片段，通过电泳分离这些 DNA 片段。电泳的原理是 DNA 分子的碱基对携带负电荷，当 DNA 分子处于正极和负极之间的电泳液内，它会向正极方向移动。称为凝胶的特殊溶液实际上是一种滤膜，与大片段相比，更小的 DNA 片段更容易地向正电荷方向移动，该过程需几个小时。然后用一个特殊的化学试剂染色该凝胶，引发 DNA 在紫外灯下发出荧光，从凝胶中可以看到不同大小的片段。通过与已知样品的染色区进行比较，电泳被用于确定待测样品中是否存在特异性基因。如果凝胶中同一位置有染色区，那么说明在待测样品中存在已知基因。

四、克隆

无性繁殖（Cloning）是指产生一个或更多的 DNA 片段相同的拷贝。克隆（clone）指的是单一 DNA（基因）的拷贝，或指一个完整的有机体的副本，如相同的双胞胎。实验室里，克隆一般是利用细菌或 PCR 来完成。

样品经过上述步骤处理后，有时只能得到很少量的 DNA，为了有足够的 DNA 以满足进一步研究，必须增加样品的数量。这可以通过把 DNA 转到细菌内，然后把细菌培养在细菌培养基内生长，使含有目的 DNA 片段的细菌增加几百万倍或更多。然后用上面提到的方法从细菌中抽提 DNA，或者用 PCR 方法来扩增 DNA 的数量。

PCR 利用的是碱基互补配对原理，包括 3 个基本步骤。第一步加热 DNA 裂解碱基对之间的氢键，让 DNA 链分开。第二步加入适量核苷酸（A、T、C、G）到 DNA 溶液，连同酶一起促进核苷酸结合到解开的 DNA 链的互补碱基对上。最后一步冷却溶液，使碱基对结合完全。重复这个过程（称为扩增）多次，产物量会极大地增加。最初的两条链会变成 4 个、

4 变 8、8 变 16，如此下去，直至从起初的少量样品变成大量 DNA。扩增 30 个循环可以使最初的 DNA 片段增加一百万倍。

五、检测 DNA

由于少量的 DNA 已被扩增，首先要检测产生的 DNA 是否正确，这可通过 Southern blot 实验来验证。Southern blot 方法指将已知含有与目的基因碱基对互补的小片段 DNA 用作探针，该探针上标记有放射性核素，便于科学家在以后的实验中检测它。提取、纯化、用限制性内切酶消化、凝胶分离的 DNA 样品被变性（链分离）后，转到一个特殊的尼龙膜上，含有 DNA 样品的尼龙膜通过杂交过程接触探针。杂交时膜与探针溶液混合几个小时。如果样品中存在目的基因，探针就会与该基因结合，产生同位素的附着。放射性探针的位置可以通过把膜曝光到 X 线片上进行观察。如果放射性探针附着在 DNA 上，放射性就会引起胶片曝光，在紧靠膜上 DNA 的胶片上就会出现一条黑色的条带，这个过程称为自动射线照相术。这个完整的过程也能用于检测样品中的 RNA，当探针的目标是 RNA 时，这个过程称为 Northern blot。

当用凝胶分离蛋白质（不是核苷酸）时，可以用含有特定蛋白质的抗体鉴定它。这个蛋白质作为抗原，如果该蛋白质存在，抗体就会与它结合，通过染色标记物的方法来检测。这被称为 Western blot。Western blot 可作为许多感染性疾病的诊断方法。

第八章 遗传工程

遗传工程学主要应用于两个方面。一是制备遗传工程动物，二是利用 DNA 作为修饰遗传缺陷（基因治疗）的工具。本章重点介绍术语和制备遗传工程小鼠的方法。小鼠是研究中选用最多的品种，主要是因为它个体小、饲养成本低、传代时间短、遗传背景清楚。

一、转基因或"基因敲除"

通过导入外源基因（转基因）或缺失特异基因（靶向突变或"敲除"）而使基因组改变，造成动物表型、行为或功能上的改变，称之为基因工程动物。该技术的最大特点是速度快，而不是被动等待小鼠出现自发突变，然后花费时间去筛选。

二、转基因模型

到目前为止，制备转基因小鼠最广泛采用的是原核显微注射法。DNA 原核显微注射法是借助毛细玻璃管把基因（转基因）注射入小鼠受精卵。

制备转基因小鼠方法需要 4 组小鼠，分别是供卵鼠、种公鼠、输精管被结扎的公鼠、假孕受体鼠（称为"代孕鼠"）。具体过程如下：

1. 给供卵鼠注射两次激素进行超数排卵（30~60 个）。

2. 把这些雌鼠与种公鼠交配，次日把雌鼠安乐死，从输卵管收集受精卵。利用原核显微注射技术把转基因注射到受精卵。

3. 受体鼠与结扎公鼠进行交配，得到假孕鼠，其子宫为胚胎发育做好了准备。

4. 将含有外源基因的受精卵采用外科方法移植入假孕受体雌鼠的输卵管。这些受精卵继续发育，并在一个正常的妊娠期后产出仔鼠，该雌鼠被称为代孕鼠，因为仔鼠不是她的真正后代，而是供卵雌鼠和种公鼠的后代。

产生转基因动物这项技术的成功取决于许多因素。即使操作没有失误，也只有 10% ~ 40% 的后代携带新的基因（转基因）。在发育过程中有些胚胎会死亡，有些胚胎不会把外源基因整合入它们的基因组。研究者采取一小块组织（尾尖、耳号钳取下的微量组织）做 Southern blot，来检测每一个后代是否存在新基因，如果存在该 DNA，检测会显示被转基因的存在。

操作受精卵注射时，要有基因的多个拷贝，确保至少有一个拷贝被整合入发育胚胎的基因组中。由于该动物会拥有多个注射基因的拷贝，因此，该基因编码的蛋白质就会增加，该蛋白质会过量表达。

研究者真正希望的是把外源基因整合入胚胎的生殖细胞系（精细胞和卵细胞）。外源基因只有整合进入生殖细胞才能把转基因传给后代。在生殖细胞系里发现携带了转基因的小鼠被视为首建鼠。每个首建鼠的卵或精细胞里携带一个转基因拷贝，对于转基因特性而言，意味着它是杂合体。杂合首建鼠生出的仔鼠大约 25% 是纯合体。

三、靶向突变

创造转基因动物使得科学家研究基因产物成为可能。然而，由于基因产物过量表达，动物的生理效应往往出现异常。实际上，许多遗传缺陷导致的疾病状态是基因功能下降造成的，为了研究基因功能缺失的影响，研究者发展了阻断基因正常功能的技术，这一技术叫靶向突变或"基因敲除"。

创建基因敲除动物需要与转基因同样的 4 组小鼠，另加一组供体鼠。然而，技术却差别很大，因为不是在受精的几个小时内把 DNA 注射入受精卵，而是让卵在供体鼠的子宫里发育更长的时间。当细胞开始分裂时，卵进入囊胚期，一群处于囊胚期的胚胎细胞，称为内细胞团，可以被维持在细胞培养基里，以产生叫做胚胎干细胞的特殊细胞（ES 细胞）。

决定这套程序成功的技术是利用来自一个小鼠品系的 ES 细胞和另一品系的囊胚。譬如将 C57BL 品系的黑色小鼠的囊胚注射灰色小鼠品系 129 的 ES 细胞。如果程序正常运行，由代孕母鼠生出的已经整合了敲除基因的仔鼠，会从品系 129 的 ES 细胞（含有敲除基因）和在供体鼠囊胚中出现来自 C57BL 品系的 ES 细胞。这些动物被称为嵌合体，可以通过毛色与没有整合该敲除基因的仔鼠区别开来。嵌合体有父母双方的毛色，即部分毛色是灰色的，部分是黑色的。没有整合敲除基因的仔鼠将是黑色的。

在实验室里，将 ES 细胞放入含有人为操纵 DNA 的溶液内以产生敲除基因。DNA 操纵包括几步，但最终的结果是基因不再有功能。科学家们在实验室里做的 DNA 特定构建，使得它在一个单一的、特定的位置（转基因整合多次，且位置随意，这点不同于敲除）整合入 E-S 细胞的基因组，因此称作"靶向"突变。对含有该基因和 ES 细胞的溶液通电，使该基因进入 ES 细胞，然后采用显微注射法将含有敲除基因的 ES 细胞注入从另一个受体雌鼠收集的囊胚里，这些注射后的囊胚通过外科方式被移入假孕雌鼠的子宫内。

和转基因一样，创造敲除品系的成功与否取决于靶向突变的传代。如果雄鼠的精细胞已整合了敲除基因，雄鼠嵌合体和 C57BL 雌鼠在一起饲养应当产生一些灰色后代。

四、基因编辑

（一）ZFN 技术

锌指核糖核酸酶（ZFN）由一个 DNA 识别域和一个非特异性核酸内切酶构成。DNA 识别域是由一系列 Cys2-His2 锌指蛋白（zinc-fingers）串联组成（一般 3 ~ 4 个），每个锌指蛋白识别并结合一个特异的三联体碱基。锌指蛋白源自转录调控因子家族（transcription factor family），在真核生物中从酵母到人类广泛存在，形成 alphabeta-beta 二级结构。其中 alpha 螺旋的 16 氨基酸残基决定锌指的 DNA 结合特异性，骨架结构保守。对决定 DNA 结合特异性的氨基酸引入序列的改变可以获得新的 DNA 结合特异性。

现已公布的从自然界筛选的和人工突变的具有高特异性的锌指蛋白可以识别所有的 GNN 和 ANN 以及部分 CNN 和 TNN 三联体。多个锌指蛋白可以串联起来形成一个锌指蛋白组识别一段特异的碱基序列，具有很强的特异性和可塑性，很适合用于设计 ZFNs。与锌指蛋白组相连的非特异性核酸内切酶来自 FokI 的 C 端的 96 个氨基酸残基组成的 DNA 剪切域，每个 FokI 单体与一个锌指蛋白组相连构成一个 ZFN，识别特定的位点，当两个识别位点相距恰当的距离时（6 ~ 8 bp），两个单体 ZFN 相互作用产生酶切功能，从而达到 DNA 定点剪切的目的。

ZFNs 曾用于多种动物的基因编辑，比如非洲爪蟾卵细胞、线虫、果蝇及斑马鱼等。

（二）TALEN 技术

TALENs［transcription activator-like（TAL）effector nucleases］的中文名为转录激活因子样效应物核酸酶，是基因组编辑核酸酶三大类之一。它是实现基因敲除、敲入或转录激活等靶向基因组编辑的里程碑。TALENs 由于具有一些比锌指核酸酶（ZFNs）更优越的特点，现在成为科研人员用于研究基因功能和潜在基因治疗应用的重要工具。是目前较有发展前景的基因修饰技术。相比于传统的锌指核酸酶（ZFNs）技术，TALENs 具有独特的优势：设计更简单，特异性更高。缺点有：具有一定细胞毒性，模块组装过程繁琐。

TALENs 是一种可靶向修饰特异 DNA 序列的酶，它借助于 TAL 效应子一种由植物细菌分泌的天然蛋白来识别特异性 DNA 碱基对。TAL 效应子可被设计识别和结合所有的目的 DNA 序列。对 TAL 效应子附加一个核酸酶就生成了 TALENs。TAL 效应核酸酶可与 DNA 结合并在特异位点对 DNA 链进行切割，从而导入新的遗传物质。人们可以设计一串合适的 TALENs 来识别和结合到任何特定序列，如果再附加一个在特定位点切断 DNA 双链的核酸酶，就可以构建出 TALEN，利用这种 TALEN 就可以在细胞基因组中引入新的遗传物质。

自 TALEN 技术正式发明以来，TALEN 的特异性切割活性在酵母、拟南芥、水稻、果蝇及斑马鱼、小鼠等多个动植物体系和体外培养细胞中得以验证。

（三）CRISPR/CAS9 技术

CRISPR/Cas9 是细菌和古细菌在长期演化过程中形成的一种适应性免疫防御，可用来对抗入侵的病毒及外源 DNA。CRISPR/Cas9 系统通过将入侵噬菌体和质粒 DNA 的片段整合到 CRISPR 中，并利用相应的 CRISPR RNAs（crRNAs）来指导同源序列的降解，从而提供免疫性。此系统的工作原理是 crRNA（CRISPR-derived RNA）通过碱基配对与 tracrRNA（trans-activating RNA）结合形成 tracrRNA/crRNA 复合物，此复合物引导核酸酶 Cas9 蛋白在与 crRNA 配对的序列靶位点剪切双链 DNA。通过人工设计这两种 RNA，可以改造形成具有引导作用的 sgRNA（single guide RNA），足以引导 Cas9 对 DNA 的定点切割。作为一种 RNA 导向的 dsDNA 结合蛋白，Cas9 效应物核酸酶是已知的第一个统一因子（unifying factor），能够共定位 RNA、DNA 和蛋白，从而拥有巨大的改造潜力。将蛋白与无核酸酶的 Cas9（Cas9 nuclease-null）融合，并表达适当的 sgRNA，可靶定任何 dsDNA 序列，而 sgRNA 的末端可连接到目标 DNA，不影响 Cas9 的结合。因此，Cas9 能在任何 dsDNA 序列处带来任何融合蛋白及 RNA，这为生物体的研究和改造带来巨大潜力。

CRISPR-Cas 技术是继锌指核酸酶（ZFN）、ES 细胞打靶和 TALEN 等技术后可用于定点构建基因敲除大、小鼠动物的第四种方法，且有效率高、速度快、生殖系转移能力强以及简单经济的特点，在动物模型构建的应用前景将非常广阔。

（四）NgAgo-gDNA 技术

NgAgo-gDNA 是一种最新的基因编辑技术，NgAgo 是 Natronobacterium gregoryi Argonaute 的简称，该技术利用格氏嗜盐碱杆菌（Natronobacterium gregoryi）的核酸内切酶（Argonaute）实现 DNA 引导（guide DNA，gDNA）的基因组编辑。NgAgo 在短时间内结合单链 DNA（single strand DNA，ssDNA）作为向导，可以在 37℃条件下高效利用 5 磷酸化的 ssDNA（5′-p-ssDNA）来剪切 DNA。NgAgo 一旦结合 5′-p-ssDNA 就不会再与其他 ssDNA 结合，降低了脱靶效应。NgAgo 所需要的 gDNA 长度是 24nt，易于设计合成，且 5′-p-ssDNA 在哺乳动物内稀少，系统的容错率更低，错配一个碱基就明显影响 NgAgo 的效率，错配三个就不起作用。NgAgo 可编辑基因组内任何位点，而 Cas9 的基因组靶点必须位于 PAM 序列的上游，靶向切割位点不能富含 G + C。NgAgo 所使用的 gDNA 是 DNA 而非 RNA，不会像 RNA 那样容易形成二级结构而导致失效或脱靶效应，因此对游离于细胞核的 DNA 具有更高的切割效率。NgAgo-gDNA 技术更适合人类基因组编辑，其灵活性、准确性和适应性都超过了 CRISPR-Cas9 技术，该技术将在干细胞转化、人类基因治疗、动物疾病模型制备以及畜农作物基因改良等方面发挥重要作用。

五、遗传工程动物的应用

转基因和敲除技术使得研究者可以产生其他品种的遗传工程动物，现举一些例子：

医学研究：能鉴定和研究特异基因的功能。

基础研究：遗传学和胚胎学方面（在胎儿发育期间基因的功能）。

分子生物学：分析基因表达和如何调节它（打开和关闭）。

癌症研究：癌发生过程中涉及的基因。

生物技术：作为特异性基因产物（蛋白质）来源的动物，如胰岛素和生长激素。

异种器官移植：被用于组织供体动物的发育。

动物食品：开发产生更多牛奶和精瘦肉的动物。

最后，在这些领域里，从研究中获得的知识能使医学研究者鉴定和纠正那些与人类遗传缺陷相关的疾病（基因治疗）。

六、关注动物健康

基因组的改变有可能严重影响正常基因的功能，尤其对于转基因动物来说，随机的和多个外源基因的插入不但导致插入基因产物的过量表达，而且可能干扰正常的碱基序列，导致许多基因的正常功能被破坏，这种破坏被称为插入突变。在转基因小鼠中，估计5%～10%的转基因系中出现插入突变，这些动物的表型（动物的外形、行为、功能）难以预测，必须密切观察这些动物的健康状况。这给实验动物技术专家和从业人员提出了一个非常特殊的挑战。

遗传工程动物的常见健康问题包括：

1. 免疫抑制　这些动物没有正常的免疫系统，对常见疾病更易感。

2. 癌症　某些基因的突变可以增加肿瘤的发生率。

3. 发育异常　如缺少牙齿，就需要饲喂特殊的饮食。

4. 生殖力　突变可造成繁殖力下降、遗传畸变。

目前已建立了许多作为特定疾病动物模型的遗传工程动物。例如，敲除了控制脂肪代谢基因的动物，用于研究动脉粥样硬化，必须仔细地观察这些动物心脏衰竭的指征，随着代谢的改变，皮肤病会随之出现。神经系统疾病动物模型，如阿尔茨海默病或多发性硬化，这些动物饮食困难，需要饲养人员的仔细观察和护理。

通过对相关人员进行这些特殊需要的培训，是实验动物技术专家保证这些特殊动物得到悉心照顾的唯一办法。

延伸阅读

1. 张连峰，秦川. 小鼠基因工程与医学应用. 北京：中国协和医科大学出版社，2010.

2. P. Timothy Lawson. Laboratory Animal Technician Training Manual, American Association for Laboratory Animal Science, 2004.

第 三 篇
动 物 健 康

本篇针对专家水平介绍了常见的实验动物疾病以及诊断治疗，重点强调疾病的预防。技术专家负责培训和监督其他人进行日常的动物饲养工作，以保证实验动物的健康。

第九章　传染性疾病

疾病是指正常生理状态的改变或者组织、器官、系统的正常功能受到损伤。由疾病导致的变化可逆或者不可逆，后者会导致生物有机体部分或者整个的死亡。疾病的诊断基于临床症状或者非临床检测，导致传染性疾病的病原体包括细菌、真菌、病毒和寄生虫。

第一节　细　菌

细菌是单细胞生物，有半渗透性的细胞膜，无核膜。细菌鉴定是通过细菌的形态学和生理学特征来分辨。细菌的形态学特征包括单个菌和细菌克隆群的形态学特征。细菌的生理学特征包括细菌对氧气、温度和酸碱度的要求，以及对营养的需求、化学耐受力和血清学类型。

一、细菌形态学

包括大小和形状、附属物的存在与缺失、荚囊结构与芽胞结构等。

1. 形状　单个菌落可以是杆状、球状、球杆状、短棒状、弧状、螺旋状。也有一些多形态细菌，这些物种有不止一种形态，大多数未被分类。

2. 大小　通常用微米来衡量；一微米等于千分之一毫米。细菌直径是 $0.02 \sim 0.2 \mu m$。

3. 鞭毛　细菌的鞭毛呈丝状、鞭状，单个的丝状结构存在于细菌的外表面，在一端以单个或两个以上成簇的形式存在，或者分布在整个细菌表面。

4. 荚囊　荚囊是一个外在的保护腔，由一层厚的胶状物构成。并不是所有的细菌都有荚囊。

5. 芽胞　存在于特定的物种中，是细菌休眠期的存在形式。芽胞通常对受热、化学试剂、干燥或其他灭菌处理是耐受的，能够在杀死正常状态细菌的条件下生存数年。有医学意义的芽胞期细菌有两种：杆菌与梭菌。梭菌的致病作用是由潜在的外毒素导致的，外毒素被注射或者释放到肠道内通常没有危险，但当被直接释放到身体组织中时非常有害。例如，破伤风是由来自梭菌属破伤风菌种的外毒素导致的疾病。

二、菌落形态学

菌落的形态学特征是指生长在固体培养基（如琼脂）上的整个菌落形态，菌落可以通过培养基上的隆起高度、菌落边缘形状、类型、质地、持续生长性、光折射和反射等特性来描述。

三、细菌鉴定

细菌的鉴定与分类是依据代谢反应导致的变化，这些变化包括培养基 pH 值的转变、培养基内溶血性变化等。

1. 染色　用于鉴定细菌的种属。对活细菌和死细菌均可染色，染色包括：革兰染色、快酸染色、芽胞染色。在革兰染色中，被染成深蓝色的细菌是革兰阳性细菌，被染成红色的是革兰阴性细菌。染色结果的不同是由于细菌细胞壁组成成分的不同所致。

2. 动态观察　用光显微镜观察在潮湿的条件下的细菌运动，动态菌群可以沿着针刺培养基的针形轨迹向四周扩散生长。

四、细菌的生理学

1. 氧气　细菌呼吸只针对需氧性细菌。例如，需氧菌生长在正常空气的氧浓度下（大约为 20%）。微需氧菌在极微量的氧条件能达到最佳生长状态。厌氧菌生长在缺氧条件下。

2. 温度　大多数细菌的最适生长温度在 37℃，一些细菌的最适生长温度要更高一些。

3. 营养　一些细菌的生长需要富含动物血清或者其他类型的营养。可以利用细菌对营养需求的种属特异性配制大量的选择性培养基。部分琼脂糖培养基支持革兰阳性菌的生长。

4. 血清学分类　血清包含有抗体，能够与包含抗原的有机体发生抗原抗体反应。一些血清被用来分类细菌，常规的血清分类菌属有沙门氏菌、志贺菌、链球菌。

5. 生化反应　识别单菌落中副产物的生化反应是诊断细菌学的一种重要方法。这些副产物的反应包括生长培养基的 pH 值变化、硫化氢气体的产生、特殊碳水化合物的发酵、凝胶的液化等等。有些机构有能力检测机构内部来源的众多类型细菌。大多数实验动物厂家需要送样品到第三方检测机构去检测。

第二节　真　菌

真菌包括酵母菌和霉菌（分类为真菌），像细菌一样，是许多动物疾病的诱因。

在单菌落中分离和研究真菌的方法类似于细菌的办法，霉菌一般比细菌生长慢。如果二者同时被检测，细菌生长更快速，这使单个真菌菌落的分离变得很困难。真菌的耐酸性比大多数细菌更强，纯的或接近纯的真菌培养物能够在酸性培养基上生长，例如沙保琼脂培养基。

一、皮肤真菌

皮肤真菌只感染表皮组织，尤其是皮肤和头发，一般以不同的形式出现在头部和胸部，或者是表皮损伤带有少许毛发，或者呈小范围环形无发区，或者轻微呈现皮肤鳞片状。如果不治疗，这些感染可能会持续数周或数月，并在其他地方出现继发感染。某些情况下损伤会自然消退，包括小孢子癣菌属、毛癣菌属和表面癣菌属。这些感染在啮齿类实验动物中并不常见，但偶见于猫、狗和家畜家禽。

二、全身性真菌

全身性真菌疾病在动物中广泛传播，常见于狗类。致病菌生长在一定的土壤或者动物残骸中，通常由特定区域传播而来，个别情况下病原菌来自不熟知的地区。代表性菌种包括芽生菌属、组织胞浆菌属。念珠菌属和隐球菌属是酵母菌，能够导致偶然性感染。

第三节　病　　毒

病毒是最小和最简单的生物体。它们只有一种类型的核酸，或者是 RNA 或者是 DNA。这些核酸分子包含了病毒的所有遗传信息，被蛋白外壳包围。通过连续传代维持遗传的稳定性和一致性。

病毒不同于其他有机体的基本特征，如运动性、新陈代谢、对刺激的反应、复制能力等，病毒只拥有复制能力，并且是在所感染的宿主细胞内完成。为了维持 DNA 或 RNA 的复制，一个病毒必须要接近、进入宿主细胞，蛋白外壳被丢掉，核酸分子被整合到宿主细胞的遗传物质中，然后对宿主细胞设置新的指令。新指令引导宿主细胞合成新的病毒组成成分，等到一定数量的完整病毒颗粒被合成后，宿主细胞把它们释放到周围的组织或血液中。

动物能够被多种类型的病毒感染。有些病毒只感染特殊的一种宿主细胞，有些病毒能够感染多种类型的细胞。

最小的病毒直径大约 20nm，最大的为 200～300nm，一个红细胞的直径大约为 7000nm，或者是 7μm。为了观察病毒，必须用电子显微镜和特殊的成像技术。同一类型的病毒大小和形状十分一致。动物病毒可以依据它们所携带病毒的核酸类型分类：DNA 病毒或 RNA 病毒。

一、DNA 病毒

痘病毒、腺病毒、疱疹病毒、多聚乳头瘤病毒都包含 DNA。

1. 痘病毒是种类最多的病毒。它们导致多种皮肤病，在人类、绵羊、山羊、啮齿类及鸟类中导致许多严重疾病。

2. 腺病毒在人类可导致感冒、呼吸性疾病和肠胃疾病。一些腺病毒能够在仓鼠中诱导肿瘤，使狗患肝炎。腺病毒还是常用的转载遗传物质的质粒载体。

3. 疱疹病毒会导致人类感冒。B 型疱疹病毒发现于旧大陆猴类，会导致口腔溃疡，而此病毒会使人产生致命性的疾病。同样，猴类，尤其是新大陆种类，人类疱疹病毒能够导致它们死亡。由于可能接触到这种病毒和其他动物源性疾病，非人灵长类用于实验时需高度谨慎，以防止接触感染性分泌物和排泄物。

4. 多聚乳头瘤病毒中，只有多瘤病毒在大鼠中被发现。恒河猴的 SV40 病毒是一种能够在其他动物中诱导肿瘤的乳头瘤病毒。狗乳头瘤病毒会导致口腔疣或乳头瘤。人疣病毒也是一种乳头瘤病毒，会导致皮肤疣。

二、RNA 病毒

正黏液病毒和副黏液病毒是 RNA 动物病毒中的大群体，可导致许多呼吸性疾病，包括流行性感冒。另外一种 RNA 病毒类型是肠道病毒，小鼠 GD VII 病毒是它的成员之一，在所有动物种类中会导致肠道和神经性疾病。牛羊口蹄疫病毒是一种肠道病毒，它的亲缘性和脊髓炎病毒很近。

大多数虫媒病毒（节肢动物传播）是囊膜病毒的一种，同时也是 RNA 病毒，能导致疾病如马的脑炎、人类和猩猩中的黄热病。虱类、螨类和昆虫都携带该病毒。

因为病毒只能在活的细胞中增殖，所以它们只有进入活体动物或者生长在细胞和组织培养液中才能增殖，可用于试验或者诊断性研究。

第四节 寄 生 虫

与细菌和病毒一样，寄生虫把生命寄生在其他活着的有机体或宿主身上，它吸收营养的方式对宿主来说是有害的。有些寄生虫寄生在宿主体外，例如跳蚤或虱子，称作体外寄生虫。有些寄生在宿主体内，例如：绦虫或吸虫，称作体内寄生虫。寄生虫可能终生依靠宿主生活，也可能仅仅摄食时才生活在宿主体内。每一种寄生虫通常生存于宿主身体的特定部位，以满足其特定生命周期的需要。偶尔也会有寄生虫寄生在错误的宿主体内或存在于正确宿主体内的错误部位，这种寄生称为异常寄生。根据构成身体细胞数目的多少，分为原生动物（单细胞动物）和后生动物。

一、原生动物

包括四种类型：变形虫、鞭毛虫、纤毛虫和孢虫。

1. 变形虫　最常见的致病变形虫为痢疾变形虫。它是导致变形虫性痢疾的罪魁祸首，可以感染大鼠、狗、猫（较少见）、非人灵长类动物和人类。这是一种很重要的实验室疾病，被感染的灵长类动物可将此病传染给实验室人员。猿和新大陆灵长类动物感染最严重，这种寄生虫侵染结肠和盲肠内层，导致溃疡，有时甚至是痢疾。

成年变形虫的繁殖体称为营养体，依靠伪足运动，伪足由胞质填充的细胞膜突起组成。营养体通过二次分裂进入无性繁殖，即成体直接分裂成两个新的生物体。有些寄生性变形虫在生命周期某个阶段还会形成包囊，包囊是壳状结构包围的密集营养体，对极端环境有很强的抵抗力，通过排泄物排出体外，在被其他宿主摄取之前，一直处于休眠状态，在新宿主体内，它们的生命周期重新启动。

2. 鞭毛虫 有一个或多个鞭毛，鞭毛的蠕动使其运动，每一物种在质膜外部的特定部位都有特定数目的鞭毛。很多鞭毛虫在宿主胃肠道内被发现，它们以二次分裂方式进行无性繁殖。相对来说，有致病性的鞭毛虫种类很少，六鞭虫属、毛滴虫属和贾第鞭毛虫属是仅有的已知对实验动物有致病性的物种，它们可能不导致痢疾，但干扰肠的营养吸收。六鞭毛虫属孢子虫在小鼠体内可导致严重问题，贾第鞭毛虫属大多发现于哺乳动物和鸟类。肠兰伯氏鞭毛虫发现于非人灵长类，可以感染人类。

毛滴虫属是在血液和淋巴中发现的一种重要的鞭毛虫，它们是专属细胞间寄生虫，可成功利用节肢动物作为媒介进行传播。大部分毛滴虫是非致病性的，新大陆灵长类最常被毛滴虫感染，布氏锥虫发现于非人灵长类，并且可以感染人类，导致一种叫做昏睡性脑炎的疾病。

3. 纤毛虫 这种单细胞生物具有短的纤毛，纤毛在质膜外表面排列成特定的形式。纤毛的摆动驱使其运动。结肠小袋虫是该属中唯一具有致病性的寄生虫，它可以感染人、猿、部分猴，可导致痢疾。

4. 孢虫 是细胞内寄生虫，通过形成孢子进行种属间传播，没有特殊的外部结构完成运动。球虫是该类中极具致病性的物种，它侵染并破坏宿主小肠细胞，引发痢疾并导致高死亡率。球虫通过复分裂方式进行无性繁殖，然后形成雄配子和雌配子，分别称为小配子母细胞和大配子母细胞，这些配子结合成合子，通过宿主粪便排出，在宿主体外通过孢子形成的方式成熟，它们在宿主体内既进行有性生殖又进行无性生殖。其他可感染实验动物的致病性孢虫包括隐孢子原虫和艾美球虫，其中隐孢子原虫发现于啮齿动物肠道中，而艾美球虫在兔肝中被发现，通过胆小管和肠将卵囊排出体外。

家兔脑细胞内原虫是一种小的原生动物，可感染脑、肾、肝、脾和其他器官。它主要感染家兔，其次是啮齿类动物和其他类型的实验动物。这些动物的腹膜渗出液中可发现此种寄生虫。通过尿和口传播，其繁殖方式知之甚少。通常它并不引起疾病，仅在组织切片检查组织时可被发现。

弓形虫寄生在几乎所有哺乳动物和鸟类中，感染程度从急性到轻微不等，弓形虫发现于身体多个部位，不管是裸露还是包囊形式，其分裂方式为二次分裂或复分裂。猫粪便中的弓形虫卵可导致人感染。如果孕妇感染则可能导致胎儿的先天性缺陷。

孢虫还可引起疟疾，疟原虫可寄生于灵长类（包括人）、啮齿类动物、鸟类和爬行动物，在宿主肝、脾、肺或肾内生长繁殖。在宿主之间传播时，该物种被释放到血液中，并侵入红细胞或白细胞，只有具备合适的昆虫媒介（如蚊子）时传播才会发生，在蚊子体内经历有性繁殖，形成孢子并转化成易传染的孢子体，昆虫通过叮咬感染宿主。临床特征包括贫血和反复发热，可以通过镜检染色的血涂片进行诊断。

二、后生动物

实验动物的后生寄生虫主要分为五类：吸虫类（吸虫）、绦虫类（绦虫）、线虫类（蛔虫）、棘头虫类（棘头虫）以及节肢动物，大都裸眼可见。

1. 吸虫类　也称蠕虫，这类寄生虫大都背腹扁平，并含有简单的消化和排泄系统，有吸盘，每一个体都同时具有雄性和雌性生殖系统。吸虫具有复杂的生命周期，在宿主体内的多个部位可发现其成虫形态。埃及血吸虫例外，其卵通过粪便排入水中，幼虫孵化后钻入蜗牛体内，然后在其中继续发育，经过性成熟和无性繁殖后，其幼虫从蜗牛体内排出，一旦重获自由，它们立即渗入永久宿主体内，或者它们可能被植被包裹，或进入第二媒介（中间）宿主体内，直接被永久宿主摄食，正因为其如此复杂的生命周期，所以出生在实验室的动物不可能被感染，然而从野外捕获并带入实验室的动物则有可能被感染。并殖吸虫是一类典型的吸虫，其成虫在宿主肺内被发现，肝片吸虫是一种典型的嗜肝类吸虫。

诊断可通过镜检粪便中的虫卵，或通过尸检和组织切片寻找其成体，有些虫卵在末端具有帽或盖，如果镜下看到盖，往前推一下盖玻片往往可将其帽打开。

2. 绦虫　一类可伸长的高度分段的扁平蠕虫，大小不等，小的肉眼看不见，大的可有一米多长，它们缺失消化系统，必须通过体壁直接接触、吸收营养物质，这类寄生虫往往以渐进成熟链的形式出现。每一独立的生殖节都具有雌雄两种性器官，在永久宿主肠道内可发现成虫，通过头部的钩或吸盘吸附在肠壁上，头部是其支持器官，在大部分绦虫里，成熟节片（含受精卵）偶尔会折断并通过粪便排出体外，在其他种类绦虫中，卵则是先通过子宫孔进入肠道然后被排出宿主体外。大部分绦虫都需要一个中间宿主，对短小绦虫来说，其永久宿主可能是啮齿类动物或灵长类动物（包括人类），其中间宿主是面包虫；对犬复孔绦虫来说，其永久宿主为犬，其中间宿主为虱类或跳蚤；对豆状绦虫来说，其永久宿主是猫或狗，其中间宿主是兔。当永久宿主吞食了包含寄生虫幼虫的宿主后，这些绦虫的生命周期即告完成。某些绦虫偶然侵染了非自然宿主并在其肝或其他器官内产生水泡囊。在实验动物领域，大鼠较常见，诊断可通过检测其粪便中的虫卵、观察吸附在肛门周围的绦虫或尸检寻找其成虫、幼虫等方法。

3. 线虫　线虫包括很多种，所有这些都归属于线虫门，具有一个消化道和一个排泄系统。大部分线虫是雌雄异体。线虫的生命周期特征随物种不同而差异较大。但总体上包括以下阶段：卵随粪便排出并发育成胚胎；通过蜕皮方式，历经一级、二级、三级、四级幼虫阶段；成虫。

线虫卵的外壳光滑而透明。一些线虫种属通过幼虫迁移循环或者通过非自然宿主而没有进入成虫阶段。犬类弓蛔虫是存在于狗的一种线虫，如果出现在人类身上会导致多种病理性疾病。

鞭虫属也被称为鞭行线虫，具有一个食管，形成了一系列环形细胞。大部分的鞭虫躯干是由长的细丝状的前颈部和粗壮的后部组成。成年雌性鞭行线虫不产卵，取而代之的是把幼虫存积在寄主的肠中。幼虫经过血液循环进入肌肉，在那里成长、形成包囊，获得传染性。

蛔虫界中的线虫类，如弓蛔虫既可以通过含有胚的卵细胞的摄取，也可以通过怀孕母狗中的幼虫迁移到胎儿的肝中。可吸入的胚胎卵细胞释放幼虫，迁移到肺中，被咳出和吞入，重新回到肠中，在那里持续性生长。弓蛔虫有相似的生命循环，但是在出生以前不发生感染。对这些寄生虫的诊断可查找含胚卵细胞的排泄物，含成虫的呕吐物或者尸体。

尖尾科中的线虫经常在非人灵长类动物和啮齿动物的盲肠和结肠中，因为雌性有一个长薄并且很尖的尾巴而通常称为蛲虫。大多数情况下，雌虫从寄主的肛门中迁移出并把卵排在周围的皮肤上。管状线虫是感染鼠类的一种蛲虫。

圆线虫科中的线虫既可自由生活也可寄生生活。雄性圆线虫在泄殖腔周围拥有囊结构，雌性圆线虫单性生殖，即它们的卵细胞不需要受精就可以生长成个体。卵或者幼虫通过排泄物传播。它们或者变成自由生长的线虫，或者变成有感染性的幼虫。自由生长的线虫会晚一点变成有感染性。幼虫经过肺被咳出，吞咽，逐渐进入成熟期，在肠中发育成成虫。被圆线虫感染的动物可能出现贫血、腹泻或者其他症状。圆线虫被分成多种类型。一种是钩虫，具有类似牙齿结构，可以咀嚼肠的外壁，它们以寄主的血液为食物。感染性的幼虫可以通过嘴或者皮肤进入寄主体内。感染可在产前发生或者通过母体的乳汁产生。一种常见的圆线虫种类是狗或者猫中的犬钩口线虫属。圆线虫属中的圆线虫除了没有牙齿状结构，其他与钩虫都很相似。幼虫只能通过寄主的口腔或者通过迁移进入到肠中。微管结节线虫、猴结节线虫的幼虫渗透到结肠壁中形成类似肿瘤状的小瘤。这些小瘤在猴、反刍动物、猪的结肠外边面可观察到。一种小的诺式线虫属只局限在胃底层的幽门连接处，这些瘤类似物的生长可能导致胃穿孔。

旋尾总科中的线虫在解剖学上与圆线虫很相似，都需要一个中间宿主，经常出现在甲虫或者蟑螂的粪便中。它们需要交配、生长、分裂。在美国部分地区的狗类的食管、胃、大动脉等其他组织中发现旋尾线虫属的类肿瘤小结。

丝虫是线虫属的一种，它细长而体薄，有一个简单的口腔。雌性产胚胎而不是产卵。吸血昆虫比如蚊子是其携带者，在宿主间传播。犬恶丝虫和链尾丝虫是最主要的两种。犬恶丝虫存在于狗中，成虫寄居在心肺的动脉中。

4. 棘头动物　棘头动物是以缺少消化道和可伸缩的带钩的头部为特点的一类寄生虫。

它们有一个间接的生命循环，需要蟑螂或者甲虫为中间宿主。念珠棘虫属和前睾棘头虫属常寄生于新大陆猴，偶尔也见于其他实验动物中。

5. 节足动物　所有和人类有关的实验动物的体外寄生虫隶属于种类繁多的节足动物。节足动物都具有分节的腿和外骨骼。在实验动物医学方面比较重要的是蛛型纲动物、昆虫、舌形蠕虫。

蛛形纲包括蜘蛛、蝎子、螨类。螨类是在实验动物体外寄生中最常见的一种。在蛛形纲动物中，头胸和下腹部是很难分清的。它们有四对足，无触须和颚，嘴部呈现一个伪头（小头）。生命循环包括卵、幼虫、蛹和成虫阶段。幼虫、蛹和成虫的区别在于它们只有三对足。疥螨属在狗、猫、兔、人类和其他许多动物中感染而导致疥癣。蠕形螨寄生在狗和其他动物的毛发小囊中。银屑病、耳螨寄生在兔子的外耳道中。

昆虫的身体被分为三部分：头部（眼和触须）、胸部（翅和三对足）和下腹部。虱子、跳蚤、苍蝇和蚊子都是寄生类昆虫。虱子腹部扁平，具有短的触须。虱子有两类：吸血虱子，具有窄的头部和口器使其能穿透皮肤并吸血；咀嚼类虱子，具有宽的头部和适应咀嚼的嘴部。这两种都无翼、具有适合攀附的腿部。虱子只寄生于一种宿主，靠直接接触传播。它们的整个生活史都在宿主毛发中度过。

跳蚤是无翼昆虫，足部非常发达，能长距离跳跃。跳蚤的身体横向扁平状，有利于在宿主的毛发中自由穿梭。成虫具有口器使它们刺穿皮肤吸取血液。它们的生活史包括四个阶段：卵、幼虫、蛹和成熟期。这些类似蛆状幼虫以器官碎片为食物。蛹用茧将自己紧紧包裹，3～6周后，蛹变成成虫。跳蚤是非常普遍的一种体外寄生虫，常寄生于狗和猫中，是多种病菌的携带者。

第十章 免 疫 学

第一节 免 疫 系 统

动物可以保护自己免受细菌、病毒、寄生虫以及真菌等病原的侵袭和感染。固有免疫是第一道防线，当这道防线失败后，适应性免疫开始发挥作用。

一、固有免疫系统

应答反应程度因个体而异，物种、性别、营养、疲劳、年龄以及遗传都可以影响固有免疫应答。对于特定的疾病，某些物种与其他物种相比，具有较强的耐受力。比如，对于狂犬病毒，所有哺乳动物均易感，感染后死亡率很高，然而鸟类由于它们天然的较高体温使得狂犬病毒在其体内不能存活，从而使得鸟类对狂犬病毒具有较强的天然免疫力。猫对犬瘟热不敏感，人对猪瘟耐受等等许多例子说明存在种属特异性的疾病耐受。

动物机体各种物理和化学特性可以阻止微生物的感染，上皮细胞作为机械屏障可以阻止许多病原微生物进入机体，低 pH 值的皮肤同样发挥屏障作用。体内黏液作为润滑剂和机械屏障，它含有可以破坏病原微生物的酶和活性分子。位于呼吸道的纤毛细胞可以捕获颗粒物质，并将它们移除至呼吸道外。唾液腺、胆管、胆囊、胰腺分泌的酶及胃酸同样可以杀死病原微生物。

吞噬细胞包围和破坏病原微生物以及外源性物质。由于吞噬细胞遍布全身，使它们最大限度侵袭外源颗粒及微生物，从而发挥效应。另外，血液中如补体、干扰素等许多活性物质具有广谱的抗感染能力。在许多情况下，当动物暴露于微生物时，这些天然防御因子可以保护动物免受感染。

二、获得性免疫

如果自然免疫不能抵御微生物引起的感染时，获得性免疫开始应答。与自然免疫不同的是，获得性免疫是针对特定微生物感染而产生的应答和效力。

获得性免疫有两种反应类型，一种是产生和分泌可以中和并破坏感染性物质的活性抗体；另外一种是产生活性淋巴细胞，破坏感染性物质、寄生虫或其他感染性细胞。

　　获得性免疫防御细胞：获得性免疫需要 B 和 T 淋巴细胞。依据分布、功能、结构将它们分为不同的亚型。B 淋巴细胞介导以抗体为效应分子的体液免疫，鸟类 B 淋巴细胞来源于法氏囊，高等脊椎动物则来源于骨髓。B 淋巴细胞发育成熟后进入血液，产生并分泌抗体。T 淋巴细胞在胸腺发育，介导细胞免疫。它们也可以作为辅助性 T 淋巴细胞和调控型 T 淋巴细胞参与 B 淋巴细胞介导的体液免疫。淋巴细胞循环从血液至脾、淋巴结、胸导管，最后回到血液。

　　获得性免疫：来源于感染性微生物、其他动物以及化学合成的分子因为不同于动物自身成分，是外源性的，被称为抗原性物质。动物对抗原性物质产生免疫反应，分为三个阶段：识别、增殖分化和应答。

　　识别阶段是将外源性刺激物分为自己和非己的过程。当机体认为刺激物为非己时，就激活免疫应答。识别过程需要两类分子相互作用：信号分子和受体分子。信号分子是抗原，例如细菌菌体成分。受体分子接受信息，例如宿主动物吞噬细胞上的受体分子。

　　增殖分化阶段是防御反应的第二步，即受体分子将信息传递给其他分子和细胞的过程。

　　获得性免疫的应答，也就是效应阶段，机体对非己抗原产生特异的活性应答。例如，破伤风疫苗刺激机体产生针对破伤风毒素的抗体。当机体感染破伤风梭菌时，体内已经存在的抗体可以中和毒素。这样，疫苗应答可以保护机体免于再次被破伤风梭菌感染。

　　在免疫应答中，对于同一种抗原，第二次应答反应经常比第一次反应迅速而强烈，似乎机体存在免疫记忆。第二次暴露产生的反应被称为记忆应答。当人类和动物接受多次疫苗强化时，就是刺激免疫记忆产生。

　　当动物首次暴露抗原时，通过体液和（或）细胞免疫产生应答。具体先发生哪一种应答则依赖于抗原化学结构、来源（活的还是死的机体）、浓度以及接种途径。第二次暴露相同抗原产生的应答则依赖于动物的免疫状态。如果动物从前一次感染中获得有效的免疫应答，或者接种过由该微生物或相近微生物抗原制成的疫苗，那么动物可以依赖有效的免疫防御，从而免于感染。基于此原理制定的实验动物免疫程序是实验动物健康管理中的重要部分。

（一）体液免疫

　　科学家很久以前就意识到除白细胞外，血液中还有其他物质参与免疫应答。这些体液物质包括补体、溶酶体、干扰素以及最重要的抗体。B 淋巴细胞合成抗体，负责体液免疫应答。这些抗体只与特异性抗原结合。抗体，即免疫球蛋白，是我们了解最深的免疫分子，可依据它们的物理和化学特性进行分类。

　　动物产生几种类型的抗体，例如 IgA，IgG，IgM，IgE，IgD。每一种类型抗体的分子结构都是对称的，由多肽和碳水化合物组成。抗体识别抗原的部位被称为抗原结合域。抗体通过中和毒素和病毒以及增强吞噬细胞对细菌的易感性，从而保护动物免于感染。在补体的帮助下，抗体裂解微生物和组织细胞。

IgG 是哺乳动物血清中最丰富的一种抗体。它也是唯一能穿过胎盘，将免疫力传递给胎儿的抗体。然而，在狗、猫、猪以及反刍动物中，只有很少量的 IgG 通过胎盘传给胎儿，大多数通过初乳传给胎儿。IgG 与体液免疫的时间长短相关。

IgM 的含量仅次于 IgG，胎儿首先产生的抗体以及在初次免疫应答中产生的抗体就是 IgM。然而，它不能长时间维持较高浓度。

分泌液中的抗体主要是 IgA，主要分布在胃肠道、呼吸道以及泌尿生殖道黏膜的分泌液中。在胆汁、眼泪、唾液以及初乳中也发现有 IgA，位于黏膜表面的 IgA 可以帮助机体体表免于受到细菌和病毒的侵袭。

IgE 以较低的浓度存在，它与花粉症、食物和皮肤过敏、哮喘等超敏反应发生有关。在寄生虫感染和变态反应过程中，血清中的 IgE 水平升高，IgE 特异性黏附在肥大细胞和嗜碱性粒细胞后，这些细胞释放例如组胺等炎性介质，从而造成组织损伤。适度的 IgE 免疫反应是有益的，然而不幸的是，在动物体内 IgE 介导的变态和超敏反应经常发生。

关于 IgD 确切的生理功能仍然不知道。它可能参与抗原识别和 B 细胞的激活。

（二）细胞免疫

机体预存的抗体不能清除或者最初的炎症反应不能消灭病原微生物时，细胞介导的免疫应答开始发挥作用。

参与介导细胞免疫的是 T 淋巴细胞，这些寿命较长的细胞来源于胸腺。当 T 淋巴细胞被抗原激活后，增殖分化为记忆性 T 细胞和杀伤性 T 细胞。

新的淋巴细胞产生被称为淋巴细胞转化。追踪淋巴细胞转化率可以测定细胞介导的免疫应答强度以及测定是否存在免疫缺陷。T 淋巴细胞不能产生抗体。但是某些亚型的 T 细胞刺激 B 细胞或抑制 B 细胞产生抗体。另外的 T 细胞具有细胞毒性，可以产生分泌一系列活化巨噬细胞的化学物质（淋巴因子），活化的巨噬细胞攻击被病毒感染的细胞以及癌细胞，阻止病毒复制。

免疫系统影响器官移植，供体以及受体的主要组织相容性抗原是移植成功的决定因素。受体与供体生物性越近，组织相容性就越近，移植的皮肤、肝、肾、心脏存活的成功率就越高。

（三）免疫应答

抗原进入组织最有可能先进入局部淋巴结，一旦进入淋巴结，抗原将被巨噬细胞捕获和吞噬，刺激 T 淋巴细胞和 B 淋巴细胞增殖，产生免疫反应。进入血液的大多数抗原被脾这个重要的外周淋巴器官捕获，进而产生相似的免疫反应。

佐剂不仅可以刺激免疫应答，而且可以延长抗原在组织的存在时间，因而将疫苗与佐剂混合可以增强免疫应答。佐剂与疫苗混合产生更强的免疫应答反应以及刺激淋巴细胞反应。在兔子和山羊的抗体研究中，经常将佐剂与疫苗混合使用。

抗原刺激后，机体血液中有一段时间不能检测到特异性抗体，这一段称为潜伏期。潜伏期后，血清中的抗体呈对数增加，这一段时间称为对数期。抗体效价达到峰值，血清中抗体浓度基本不发生变化，称为平台期。随后，血清中抗体浓度慢慢下降，称为衰减期。这样的循环被称为初次免疫应答，每个抗原诱导产生独立的免疫应答。

相同抗原再次引入将诱导产生一个快速的免疫应答，这次应答与初次应答相比，产生的抗体浓度高、持续时间长，这就是再次应答，或者是回忆应答。抗体浓度经常在初次应答和再次应答后 2 ~ 3 周达到峰值，之后的几周到几个月，抗体浓度逐渐衰减，再次注射相同抗原可以产生更强的回忆应答。

（四）免疫类型

动物通过被动免疫可以获得对疾病和抗原的免疫力，但是这种免疫力是暂时性的。新生动物吮吸初乳或者通过胎盘获得来自于母体的抗体属于被动免疫。给动物注射抗血清也可以使动物获得暂时的免疫力，这种免疫力比较短暂，随后几周里抗体就降解。

外源性抗原刺激动物产生免疫应答、获得抗体的过程就是主动免疫，这种免疫力比被动免疫获得的免疫力持续时间长。如果动物接受周期性的抗原刺激，这样产生的主动免疫力更长更强。被动免疫虽然是暂时的，但是在疾病的初始阶段，被动免疫比主动免疫起效迅速。

虽然活疫苗可以刺激机体产生最好的免疫应答，但是这些活的疫苗偶尔会恢复毒性，从而引起疾病。例如，在宠物体内狂犬病毒的暴发就与疫苗质量低劣、活的疫苗毒性回复有关。与活疫苗相比，死疫苗更加稳定，它们不可能引起疾病。

第二节　免疫系统疾病

免疫系统疾病广义上分为三类：自身免疫病、免疫缺陷病和慢性免疫复合物疾病。自身免疫疾病指的是动物识别自己时，免疫系统发生功能障碍。免疫缺陷疾病指的是一个或多个主要免疫成分缺失，从而引起的疾病。慢性免疫复合物疾病指的是抗原抗体复合物沉积在组织引起的疾病。

一、自身免疫疾病

免疫系统防御应答的三个阶段：抗原识别、抗原加工、免疫应答。其中抗原识别并不总是与文献上描述的那样，生物体有时会将自己识别为非己。当发生自身识别错误时，机体开始合成抵御自身组织的免疫效应分子，这就是自身免疫疾病。包括人类在内的多个物种均可能发生自身免疫疾病。

自身免疫疾病中，免疫应答攻击自身组织，引起一个或多个器官的组织损伤。例如，在自身免疫性溶血性贫血病中，抗体识别结合动物自己的红细胞，这些抗体包被的红细胞被吞噬细胞迅速吞噬，或者是被补体裂解，红细胞的缺失会造成严重的贫血。其他的自身免疫疾病包括风湿性关节炎、多发性硬化症等。

二、免疫缺陷疾病

免疫系统一个或多个主要组成成分的功能缺陷或者异常引起的疾病叫免疫缺陷疾病，分为原发性免疫缺陷疾病和继发性免疫缺陷疾病。

原发性免疫缺陷疾病有代谢性疾病或遗传性疾病，无胸腺的裸鼠就是后者的典型例子。无胸腺的裸鼠出生时就没有胸腺，因为胸腺是 T 细胞发育的场所，所以无胸腺的裸鼠没有 T 细胞。某些遗传性疾病中某种类型的抗体不能产生，或者细胞介导的应答不能起效。原发性免疫缺陷疾病不容易被识别。

继发性免疫缺陷疾病比原发性免疫缺陷疾病更为常见。继发性免疫缺陷疾病的发生经常是多个因素作用的结果，这些因素包括感染性疾病、癌症、衰老、营养不良、皮质激素类、抗癌及某些抗生素药物治疗。如：猫科淋巴细胞病毒刺激淋巴细胞增殖，引起免疫缺陷疾病，感染的猫经常在死于癌症之前已死于免疫缺陷疾病。人类免疫缺陷病毒同样可以引起免疫缺陷综合征，感染此病毒的患者经常死于继发的微生物感染，这些微生物对于正常的人群通常不能引起疾病。

三、慢性免疫复合物疾病

在动物和人类的某些慢性感染过程中，患者血液中持续存在高效价可溶性的抗原，这些抗原与抗体结合，沉积在组织，尤其是肾，导致正常尿液过滤系统阻塞，从而引起疾病。器官移植失败最主要的问题就是免疫复合物疾病。

第十一章 实验动物常见疾病

本章主要讨论实验动物相关疾病。重点陈述啮齿类动物（小鼠和大鼠）感染性疾病以及这些疾病对研究结果产生的潜在危害。由于人们将实验设施作为重点，保持和维持动物饲养处无病原体，因此，实验动物检测可能只检测到很少的一些疾病。

第一节 大鼠和小鼠

以下列举的是在常规健康监测的血清学试验中最可能检测出的疾病。实验动物感染这些微生物时并不一定都能引起临床症状，但会引起生理功能的重要改变，会对实验结果产生严重影响。

一、小鼠肝炎病毒

小鼠肝炎病毒能引起小鼠消化道疾病。哺乳期小鼠感染后产生严重腹泻以及死亡。小鼠肝炎病毒具有高的传染性，是小鼠最重要的病毒。即便是亚临床感染，可通过淋巴细胞产生减少，免疫细胞吞噬活性降低，免疫活性分子数量减少从而抑制免疫系统的功能。

清除小鼠肝炎病毒最有效的方法是胚胎引种。清除病毒需要停止繁育 6~8 周。因为疾病的急性期大约 2 周。这段时间如果没有出生的幼仔，病毒就会完全消失，再出生的幼仔就不会感染肝炎病毒。

二、小鼠细小病毒

引起消化道疾病的病毒，与小鼠肝炎病毒不同，属于亚临床感染，能引起感染动物正常免疫功能改变。小鼠细小病毒在环境中存活时间长，对化学消毒剂耐受，所以比小鼠肝炎病毒难以清除，也不能通过停止繁殖而轻易清除，所以，优先选择重新引种的方法清除鼠细小病毒。

三、仙台病毒

成年小鼠感染仙台病毒后表现不明显，幼年小鼠（出生到离乳期）感染后会发展成急性、致死性呼吸道疾病。仙台病毒具有高的传染性，传播速度快，发病率接近 100%。动物感染后，仙台病毒可以抑制免疫系统功能，使感染的实验动物继发感染细菌。临床症状包括：消瘦，被毛粗乱，弓背，呼吸困难，震颤呼吸音。繁殖群感染将导致产仔数量减少和幼仔发育不良。

因为仙台病毒改变宿主免疫功能，所以感染仙台病毒的实验动物对其他微生物变得更易感。与小鼠肝炎病毒一样，通过停止繁殖或者引种可以清除仙台病毒。

四、小鼠轮状病毒

流行性幼鼠腹泻是一种消化道疾病，感染后可以引起乳鼠腹泻症状，临床表现为尾根脱水、肛门聚集黄便，成年鼠感染没有临床表现。幼鼠感染后，死亡率增加，体重减少，对其他微生物易感，从而影响实验研究结果。引种是清除感染群优先选择的方法。

五、鼠痘（脱脚病）病毒

由鼠痘病毒引起。具有高感染率和高致死率，对于小鼠来说是十分重要的疾病。鼠痘病毒可以引起急性肝炎，致死率高。通过引入疫鼠和某些化学物质，如组织培养基和肿瘤移植物从而感染疾病。临床表现为消瘦，弓背、面部肿胀、被毛粗乱、急性结膜炎、体疹，四肢肿胀坏疽，最后发展到死亡。引起的皮肤损伤类似于打架引起的伤口。可以通过组织学和血清学诊断进行确认，至今没有治疗方法。

六、淋巴细胞性脉络丛脑膜炎

小鼠和仓鼠均可患此病，是人兽共患病。虽然豚鼠和其他实验动物也可能感染这种病毒，但只有小鼠和仓鼠可以传播。组织培养、移植肿瘤、野生动物可以引入感染。

七、支原体

肺炎支原体可以引起大鼠呼吸道病变，感染后称为慢性呼吸道疾病或者鼠呼吸道支原体病。鼠呼吸道支原体病一直是实验大鼠的主要健康问题。流行时，威胁鼠群生命。最初的表现可能是内耳或者中耳感染，这将导致严重的头部倾斜。虽然疾病后期才会出现肺部病变，但是肺炎支原体是病原菌。应激（例如拥挤或者实验）均可以增加致死率。尸检显示肺部由红变白，组织变硬，伴有肺脓肿。一旦确诊感染，肺炎支原体很难清除。

八、涎管泪腺炎病毒

涎管泪腺炎病毒与大鼠冠状病毒、小鼠肝炎病毒抗原相关，属于冠状病毒。感染后临床症状可有可无。大鼠感染后早期虽然表现活跃，摄食良好，但是检查显示颈部肿胀。唾液腺被累及，所以感染大鼠摄食减少，干扰饮食和生长曲线研究。显微镜下观察到哈氏腺和唾液腺病理改变最为显著。有些感染动物会出现眼部损伤，造成白内障和红色分泌物流出，就像流出红色眼泪一样。眼部损伤主要是角膜结膜炎和角膜溃疡。经治疗损伤在 10 周以内可以恢复，但是眼球扩大不能逆转。眼部病变使得感染大鼠不适合用于眼部实验研究。该病高传染性，可以迅速播散到实验和繁殖群中的其他大鼠。

九、沙门菌

常见于小鼠、大鼠、豚鼠、犬、猫和灵长类，兔、地鼠和沙鼠不易患此病。哺乳期幼鼠发病率最高，达 70% 左右，痢疾是其主要症状，分为亚急性和慢性两种表现。尸体解剖可见脾脏肿胀，肝、脾表面有针尖样散在的白色状结节，肠内含有黏性泡沫状的黄白色内容物，肠黏膜充血。本病严重影响动物实验的正常进行，威胁饲养人员和实验人员的健康。人员感染沙门菌后呈食物中毒症状，体温升高，伴有头痛、恶心、呕吐、腹泻。本病以预防为主。

十、鼠棒状杆菌

主要感染小鼠、大鼠和某些家畜。除少数呈急性败血症外，大多数病例呈慢性经过，外观无明显异常，仅被毛无光泽，行动不活泼，有的可见皮肤溃疡、关节肿胀。尸体解剖可见肺、肝、肾等化脓性坏死灶，肠系淋巴结肿大。本病急性感染可造成动物大量死亡，慢性感染造成动物脏器病变，从而影响实验研究。

十一、泰泽病原体

为小鼠、大鼠、兔的常见病，猫、猴等可感染。本病分为肠型和肝型。肠型突然发生严重腹泻，粪便呈水样或黏液样，肛门周围和尾巴常被污染。肝型无腹泻而突然死亡。尸体解剖可见肠型的肠壁出血和水肿，肝型多发生肝肿大、微小坏死灶。本病对实验研究影响很大，发病率和死亡率很高，幼龄动物感染尤其严重。患病动物通过排泄物、分泌物污染饲料、饮水、笼具和周围环境，多发于秋末至初春季节。

十二、体内寄生虫

蠕虫是小鼠和大鼠体内感染的主要寄生虫，其中线虫类占了大部分，线虫包括蛲虫、蛔虫等。小鼠和大鼠均可以感染蛲虫，感染后虽然没有临床表现，但是可以影响免疫系统功能。幼鼠严重感染会出现直肠脱垂。通过粪便检查或者通过肛周试纸可以检测啮齿类动物的蛲虫感染。因为蛲虫可以通过污染的衣服、手、甚至空气传播，所以应该严格处理动物粪便。蛲虫虫卵对化学消毒剂耐受，对热、干燥耐受，能在环境中存活很长时间，抵抗力强，所以一旦传播，很难清除。治疗包括加强环境卫生和给予药物（哌嗪、伊维菌素、芬苯达唑），给药方式主要是通过食物或者饮水。

十三、体外寄生虫

螨是啮齿类最常见的体外寄生虫，虱偶尔也能检测到。感染种类以及感染程度不同使得临床表现多样性：抓挠、毛发缺失、抓挠引起的皮肤损伤。

通过在解剖显微镜下检查动物皮肤可以检测体外寄生虫，许多体外寄生虫经常是在用透明胶带法检查蛲虫虫卵时偶然发现的。

体外寄生虫可以通过使用如伊维菌素等抗寄生虫药物或者如除虫菊素的杀虫剂清除。

十四、咬合不正

切牙（门齿）过长会干扰摄取食物，啮齿类动物经常发生，尤其是转基因动物。这些动物与同笼小鼠相比，又小又瘦，用剪刀周期性地修剪是目前解决这个问题的方法。

第二节　豚　　鼠

一、细菌性肺炎

该菌经常引起豚鼠死亡，与肺炎双球菌和支气管败血性波氏杆菌感染有关。感染后不易引起注意直到并发症发生，临床表现不特异：食欲缺乏、被毛粗糙、呼吸困难、鼻腔有分泌物、急性死亡。因为兔子是支气管败血性波氏杆菌无症状宿主，所以兔子与豚鼠不宜一起饲养。四环素可以有效治疗豚鼠的细菌性肺炎。

二、咬合不正

豚鼠经常发生咬合不正，但是发生于前磨牙和磨牙，而不是切牙，所以不容易被发现。临床症状包括慢性体重丢失、严重流涎、面颊和颈部皮毛潮湿以及有绿色着色。治疗方法非常困难：用金属锉锉牙。

三、维生素 C 缺乏病

维生素 C 缺乏可以引起豚鼠严重的维生素 C 缺乏病。该病表现为食欲缺乏和不愿意活动。如果活动，可能因为疼痛而尖叫。尸检发现肌肉和关节有出血现象。

豚鼠饲料中应含有充分的维生素 C，饲料保存不当会使维生素 C 降解。工作人员必须保证实验饲养人员意识到实验饲料的正确保存方法和有效期。

第三节　兔

一、巴斯德杆菌病

由多杀性巴氏杆菌引起，感染累及多个器官，感染后治疗困难。有些兔子可以携带巴氏杆菌而不发病，成为其宿主，通过气溶胶及接触传播，应激可以激发疾病再现。临床症状包括：黏液脓性的鼻腔和眼睛分泌物、喷嚏、前肢渗出液、耳部感染引发的头部倾斜、局部脓肿及泌尿道感染，可以发展到肺炎。虽然巴氏杆菌对抗生素敏感，然而药物治疗只能缓解，不能痊愈。

二、黏液样肠病症

经常发生在 3～10 周龄的兔子。临床表现包括：黏液增多、腹水、脱水、肛周皮毛潮湿和着色、磨牙、敲击腹部有震动音。虽然黏液样肠病症病因不明，但是减少应激刺激，良好卫生条件及增加饮食纤维似乎可以阻止疾病。治疗主要是针对早期表现，一旦症状发展，疾病很难治疗和逆转。

三、胃粪石症

又称拔毛症。由于烦躁而频繁理毛，当发现动物停止饮食饮水，粪便数量较少时应该考虑是否存在拔毛症。一般对症治疗包括：10～15ml 矿物质油、通便剂、粗饲料的应用。如果可以实施早期外科手术。如果提供充足的膳食纤维，可以阻止胃粪石症发生。

四、球虫病

球虫病是引起兔子胃肠道最常见的感染性疾病。临床表现包括：体重减轻、粪硬、水样或血样腹泻，幼兔感染后偶尔可见致死病例。肝型临床表现有：体重减轻、腹泻以及大腹便便。虽然磺胺类药可以帮助消除症状，但是不能彻底治愈，所以重点在预防上，包括良好的卫生管理，应用网状过滤装置的悬浮饲养笼、自动供水系统。

第四节　犬

一、呼吸道感染

在散养犬中，严重致死性的呼吸道感染是最常见的疾病。临床表现包括：脓性鼻腔分泌物、结膜炎、咳嗽、呼吸困难、抑郁、厌食。犬瘟热病毒与此病关系密切，经常见于致死性病例中。犬副流感病毒和犬腺病毒也与此病相关。

气管支气管炎感染虽然具有自限性，然而它可以迅速传播至邻近的犬舍。支气管败血性波氏杆菌、犬腺病毒、副流感病毒、呼肠病毒以及犬疱疹病毒均与此病相关。低温、潮湿可增加此病的易感性，剧烈干咳是其原发临床表现，兴奋性及活动性增加可以加重干咳。此病虽然自限，但是周期较长，可达 15～20 天。使用抗生素可以防止继发性的细菌感染，镇咳药可以缓解症状。注射疫苗和实施免疫可以有效减少呼吸道疾病的发生率。推荐免疫的病毒有：犬瘟热病毒、犬腺病毒以及副流感病毒。

二、犬细小病毒

引起幼年和老年犬急性胃肠道感染。临床症状包括：抑郁、呕吐、脱水、活动性减少、水样或血样腹泻。幼犬感染后体温可达 41℃，老年犬体温正常或轻微改变。治疗包括静脉点滴、使用抗生素以及镇痛药等措施，预防可以采用针对犬细小病毒的疫苗。

三、外耳道炎

犬最常见的耳部疾病。耳螨、外伤、过于干燥、过多耳屎、过于潮湿或外界物质（如禾本科植物、细菌、真菌）均可以引起外耳道炎，耳朵下垂的犬更容易出现外耳道炎。动物患病后低耳、摇头、抓挠、蹭耳，频繁的摇摆和抓挠可导致耳部损伤，如耳郭发炎、溃疡、黑色分泌物并伴有恶臭、慢性外耳道炎、耳郭僵硬。药敏试验有助于选择有效的抗生素治疗。然而抗生素并不能治疗所有的外耳道炎，彻底清除耳屎及外耳道的干燥卫生同样重要。

四、犬恶丝虫病

犬恶丝虫是该病的病原体，与蚊子关系密切，经常见于蚊子聚集地。潜伏期 6 ~ 8 月，性成熟的犬恶丝虫在感染犬的右心房及肺动脉中产生微丝蚴。动物感染后，体重逐渐减少、运动耐受性降低、运动后咳嗽，有时伴有呼吸困难。血涂片、Knott 实验和微孔过滤技术可以检测到血中的微丝蚴。应用酶联免疫吸附测定（ELISA）可以检测感染动物血清中的犬恶丝虫抗原。每日使用乙胺嗪药物或者每月使用伊维菌素可以阻止疾病发生。硫乙胂胺酸可以破坏成虫，但是对肾和肝有毒性。去除成虫的同时，必须考虑微丝蚴的清除。

第五节　猫

一、尿功能紊乱

表现为尿频、血尿伴有变音。与雌性相比，雄性尿道较短，阴茎更容易被黏液样物质或沙状结晶物阻塞，所以更容易患此病。如果饮食中含有 50% 的干性物质可增加患病概率，应激以及碱性尿可以增加患病率。急诊处理包括通过腹腔插入导尿管或者针管清空被阻塞的膀胱。支持疗法包括使用药物降低尿液的 pH 值，低剂量镁离子饲料的应用，增加动物水摄入。

二、外耳道炎

与耳螨感染有关。感染后导致摆头、频繁抓挠摩擦耳郭，引起出血、耳郭发炎、溃疡。治疗包括清理耳郭、应用抗生素以及抗寄生虫药物。

三、呼吸道疾病

主要累及上呼吸道，临床表现为喷嚏、鼻炎、结膜炎、流涎以及口腔溃疡。其中，猫科病毒性鼻气管炎以及猫科杯状病毒感染占到 80% ~ 90%，应激或者过度拥挤可以恶化疾病。治疗包括对症和支持疗法。疫苗的使用可以阻止疾病发生。

四、拔毛症

频繁理毛易于发生拔毛症。感染动物偶尔会出现呕吐、剧烈干咳。大多数病例可以自限。只有很少的个例会出现肠梗阻。每周 2～3 次通便剂的使用对疾病有效。

第六节　非人灵长类

一、结核病

病原菌是人型和牛型结核分枝杆菌，旧大陆非人灵长类动物对结核杆菌敏感，结核病很少见于新大陆非人灵长类动物。结核病在野生非人灵长类动物中很少见，感染可能是来自于人类。一般通过呼吸传播。此病属于慢性病，从感染到死亡可以达一年之久。由于公共卫生以及早期症状十分重要，所以饲养场中应该实施常规皮内结核检测试验。非人灵长类结核病不像人类形成钙灶沉积，除非达到疾病晚期，否则不采用胸部放射诊断。疾病晚期出现体重减少以及鼻炎，同时伴有腹泻、呼吸道感染、皮肤溃疡、局部淋巴结感染。动物结核检疫、检测以及清除是最有效的控制方法。因为是人畜共患病，所以对疑似动物进行尸检时应采取个人防护（呼吸罩、面罩、手套等）。

二、麻疹

病毒性疾病，由感染的人接触传染给非人灵长类。如果饲养管理员感染或接触麻疹患者，需要暂时离岗。临床症状包括皮疹、鼻腔及口腔分泌物、结膜炎、面部水肿、眼睑炎，偶尔伴有呼吸道症状。虽然偶尔伴有肺炎发生，此病还是比较温和，需要支持疗法。

三、腹泻

经常见于非人灵长类的疾病。沙门氏菌、志贺杆菌以及原生动物的侵扰均可以引起腹泻，疾病通常在应激状态下才被激活，这些致病菌均是人畜共患病。沙门氏菌、志贺杆菌引起的临床症状相似，只是沙门氏菌呈亚急性。血样腹泻是典型症状，其他症状包括抑郁、脱水、恶病质、腹痛。治疗可使用红霉素或者氯霉素等抗生素，抗胆碱能或者抗分泌性药物例如米奈喷酯，以及体液疗法。

从腹泻的灵长类粪便中可以发现一些原生动物，包括贾第原虫、结肠小袋纤虫、溶组织内阿米巴虫。至今仍然不清楚它们的致病性，它们似乎并不损害宿主。抗原虫药物可以缓解症状。

四、咬伤

群养的非人灵长类动物经常出现咬伤，即便单笼饲养，咬伤也经常发生，尤其见于将手指伸出笼子的动物。群养的雌性动物如果不接受雄性动物，也经常被咬伤。治疗时需要切除严重咬伤的手指、脚趾以及尾巴，否则伤口会扩展。被咬伤的动物需要注射破伤风毒素。对旧大陆非人灵长类动物可以实施犬牙根管手术，从而减少咬伤的发生和严重程度。

五、疱疹 B 病毒

旧大陆猕猴属是疱疹 B 病毒的携带者。恒河猴、食蟹猴以及其他猕猴属猴子经常无症状，但是会出现口腔溃疡。因为是人畜共患病，所以应该引起灵长类饲养者的关注，人类易感并且是致死性的。通过伤口，也可以通过结膜接触体液进行传播。感染一旦发生，需要及时进行医疗卫生处理。

第七节　反刍动物

一、Q 热

由贝纳柯斯体——一种立克次体，感染引起的疾病，通过乳汁、羊膜液等体液或者通过胎盘进行传播，感染牧场中的贝纳柯斯体通过壁虱以及粉尘气溶胶播散。虽然该病与绵羊相关，但是山羊、狗、猫以及包括人在内的其他物种也会感染。人感染后引起的 Q 热可以没有临床症状或者类似流感症状。然而，它引起的继发感染细菌性心内膜炎经常会导致死亡。通过血清学方法可以诊断 Q 热。有些机构要求常规检查饲养绵羊的工人的血清样本，以确定是否感染贝纳柯斯体。

二、感染性深脓疱病

由痘病毒引起。感染山羊和绵羊，是人畜共患病。羊群区域经常发生流行，饲养者需要戴手套。动物感染后在嘴唇、鼻子、偶尔在足部会出现痘状水疱，疾病自限。人类在与感染动物接触时，如果手上有伤口，就会引起感染，人类感染后，在切口处出现类似于水痘感染的疼痛的水疱，但是疾病同样具有自限性。

三、干酪样淋巴结炎

绵羊棒状杆菌和绵羊假结核杆菌可以引起绵羊和山羊干酪样淋巴结炎。区域性的淋巴结肿大是特征性的临床症状，很少致死。事实上，该病只有在尸检过程中才会发现。微生物通过在修剪羊毛、阉割时引起的皮肤擦伤进入机体引起感染。彻底全面的清洁羊毛以及公用设施有助于减少伤口感染的概率。及时使用抗生素可治疗伤口感染。

四、腐蹄病

坏死梭杆菌和节瘤拟杆菌可以引起腐蹄病，感染累及指间皮肤和软组织。牛、绵羊和山羊均易感。微生物通过皮层毛孔间的空隙和皮肤伤口进入，感染导致被侵袭的结缔组织坏死，感染动物出现瘸腿，但很少死亡。治疗包括：清洁修剪蹄脚，使用抗生素。

第八节　马

急腹痛

以严重的腹部疼痛为症状的胃肠道疾病。过量饮食谷物会引起代谢紊乱和胃部胀气，这是引起急腹痛的病因之一。食用过多含肉末的粗饲料会导致回盲瓣膜嵌塞，也可引起急腹痛。肠扭转、肠狭窄、肠套叠、肠腺炎也可以引起急腹痛。兴奋及饮用过多冷水也可引起急腹痛。急腹痛临床症状包括：黏膜苍白、脉弱、腹部肌肉僵硬、坐立不安、踢腹部、异常姿势、少便、翻滚、多汗。轻泻剂和镇痛药可以治疗急腹痛，但是对于肠梗阻来说，只有外科手术才能解决。

第九节　猪

一、萎缩性鼻炎

始发于上呼吸道感染，主要的病原菌是支气管败血波氏杆菌、巴氏杆菌、嗜血杆菌以及其他微生物感染也与萎缩性鼻炎相关。拥挤、空气流通不畅、卫生条件差引起的应激使得猪易感，并且可以恶化疾病。幼年猪更易感、鼻甲萎缩、鼻中隔扭曲、有时伴随上颚缩短、侧边分化。喷嚏、鼻炎是最早的症状，一旦发生感染，应采取有效的治疗措施。良好的卫生条件、通风及适宜的营养可以减轻鼻炎的症状，磺胺类和抗菌药可以减少疾病发生率及其症状，也可以采取疫苗预防。

二、地方性肺炎

地方性或病毒性猪肺炎是慢性、温和感染性呼吸道疾病，主要由猪肺炎支原体引起，其他支原体、细菌、病毒可参与疾病发生。该病属于地域性疾病，引起持续性干咳、呼吸窘迫，尸检发现肺部损伤。在感染群中，出生后的幼猪易感。抗生素的使用可以控制损伤的严重程度。

第十节　青　蛙

红腿败血病是青蛙在环境紊乱例如突然温度改变、数量密度增加、饮食改变或者运输应激时由细菌引起的疾病。红腿败血病与嗜水气单胞菌有关。临床症状包括：运动减少、皮肤出血、脚趾以及下颚腐蚀。可选择庆大霉素和恩诺沙星治疗红腿败血病。

第十二章 诊断技术

诊断学是医学的一个分支学科，完整的临床诊断实验包括一系列特定的检测，并将正常动物的数据与患病动物进行比较。每一项特定的实验诊断数据都可以用来解释历史和临床的疾病病症。这些检测的综合评估有助于做出最终的诊断结果和可信的预测。诊断（确定现在得的是什么病和由什么引起的）和预测（预计疾病的后果）都将帮助兽医推荐或采取最适当的措施。

诊断学不仅用于评估生病或死亡的动物，也用于监视正常动物的健康状况。例如，在一些动物设施中，可监视室内和待售动物的疾病问题。收集安乐死动物的血液、粪便样本或组织样本可用于评估整个动物群体的状况。

第一节 寄生虫学检测技术

寄生虫学包含了成虫、幼虫形态、卵的联系和鉴别。为了防止寄生虫侵染实验动物，寄生虫学应当研究所有随机来源的动物和长期用于研究的隔离动物。通常，寄生虫与它们的寄主竞争营养、损害寄主的组织、产生有毒物质。

寄生虫可以按照它们的生活环境来分类，例如，生活在寄主体外的叫做体外寄生虫；生活在体内的叫做体内寄生虫。体外寄生虫通过吸血或叮咬引起疾病，进而摄取寄主体液，它们还可能将其他的病原微生物注入寄主体内，例如，疟疾通过蚊子传播。

怀疑动物被体外寄生虫侵扰时，首先也是最重要的评估程序是细致观察。一些体外寄生虫例如跳蚤和蜱虫，本身容易被看见，还可以根据动物的外表和行为来确定。侵染的标志包括发痒、脱毛和外伤、结痂等皮肤损伤。

除了成年犬恶丝虫被发现位于肺动脉和右心室之外，成年的体内寄生虫一般都位于动物的肠道系统。体内寄生虫的幼虫一般生活在肠道系统以外的组织，例如血液和排泄物中。蛔虫穿过肠壁通过血液进入肺，成熟后进入气管，动物咳嗽出虫体后再吞下，从而开始新一轮的生命周期。

一、体内寄生虫检测

大部分的体内寄生虫可以通过排泄物检测。收集排泄物于干净的容器并盖紧塞子，及时送到诊断学实验室。观察样本时，可以看到许多米粒状的白色颗粒，这些可能是绦虫节片，这是一种常见的不需要实验检测就能鉴定的寄生虫。节片里含有这种寄生虫的卵。

1. 直接涂片　将少量的粪便与一滴盐溶液混合滴到载玻片上，在显微镜下观察是否有寄生虫或虫卵，这是最迅速的检测体内寄生虫的方法，但由于样本太小，其结果也是最不准确的。然而，直接涂片是鉴定肠道系统原生寄生虫最基础的方法。如果粪便新鲜，这种检测方法是完全可行的。

2. 排泄物浮选法　采用排泄物浮选法所用的排泄物样本会比直接涂片法多一些。样本和硫酸锌或者硝酸钠溶液在离心管中混合后离心 2 ~ 5 分钟，或者静置 15 ~ 20 分钟。下一步将离心管加满浮选液，将一片干净的盖玻片放在管口以便能接触到液体。再静置 15 ~ 30 分钟。取下盖玻片放在显微镜下观察。用 100 倍放大率来观察是否有寄生虫卵或球虫卵囊。

为了加快和简化排泄物浮选法，可以利用商品化的排泄物分析试剂盒。这些试剂盒包含了实验所需的所有试剂。不需要离心，仅依赖于浮选，但比前面提到的方法需要更长的时间。

3. 排泄物沉淀法　排泄物浮选法不能用于像吸虫或肺丝虫等某些体内寄生虫。排泄物沉淀法（例如贝尔曼分离法）可以检测这类寄生虫。进行排泄物沉淀法实验时，排泄物样本放在滤器里或者包在粗棉里，浸没在温水中沉淀。肺丝虫幼虫不能靠游泳来抵抗重力，沉到漏斗底部，可以很容易地用一小部分水收集它们，再在镜下观察。

不侵染肠道系统的体内寄生虫不能通过排泄物检测出来。需要收集尿液、唾液和血液来检测这类寄生虫。唾液和尿液可以用直接涂片法或浮选法检测。检测血液时可做一个薄的涂片，与差异血细胞计数类似。将尿液、唾液或血液放入毛细管中，在显微镜下观察是否有微丝蚴。另外，尸体解剖对于鉴别一些像绦虫这样的肠胃寄生虫或者肠内容物中的原生动物也是必需的。

二、体外寄生虫的检测

1. 皮屑和分泌物的收集　为了鉴别体外寄生虫，在可疑受损器官边缘滴一滴矿物油，刮除皮肤，从耳朵或鼻通道收集分泌物。在载玻片上向样本中滴一滴氢氧化钾，以清除毛发和皮肤细胞。用盖玻片将清理好的样本盖住，用放大镜或显微镜观察。

2. 玻璃纸技术　此法是检测安乐死之后小动物身上体外寄生虫的一项有用技术，将玻璃纸条带放在一片黑纸的边缘，黏性面向上（两面都有黏性的玻璃纸更好），将死亡动物放在纸中央，随着动物身体逐渐冰冷，体外寄生虫离开动物身体，爬到纸上，因为它们需要寻找更温暖的寄主。玻璃纸技术也常被用作检测蛲虫（体内寄生虫），将玻璃纸压在动物肛周，之后将玻璃纸放在载玻片上镜下观察。

第二节 血液学检测技术

血液学是研究血液成分生成、功能和分解（包括正常和非正常的）的学科。血液大约占动物体重的 6%～8%。机体在骨髓中产生红细胞、血小板和许多类型的白细胞，在淋巴结和脾脏中叶产生某些特定的白细胞。对各种血液成分的研究可以帮助临床医师初步诊断。

一、全血计数

全血计数（CBC）是一项非常有用的血液学实验，包括血细胞容积或者红细胞量、血红蛋白含量、全白细胞计数、差异白细胞计数和血小板计数。加入抗凝剂的未凝血用来进行全血计数。同种动物的全血计数数据可能会有很大的变动，因为受年龄、性别、发情周期和压力的影响。如营养水平、光照周期、温度和空气质量这样的环境因素也可能影响全血计数结果。如果一个动物的红细胞数和血细胞容积低，说明动物贫血。如果中性粒细胞的数量高，说明动物有严重的细菌感染。如果淋巴细胞的数量上升，动物可能有病毒性感染。其他的变化，像细胞尺寸、血红蛋白含量和细胞形态学，都与其他疾病状态有关。

在小的诊断实验室，大部分的全血计数由人工完成，而在大的实验室，大部分计数工作使用自动计数仪。

二、白细胞计数

白细胞计数是指一定体积内的白细胞总数。进行白细胞计数时，向少量样品中加入溶解红细胞的溶液，白细胞完整保留。取一滴加到血细胞计数器上，采用 10 倍放大率，统计在大方格中的所有细胞，这个数值乘以 100 就是每立方毫米血液中的白细胞总数。

白细胞计数量上升，说明有严重的细菌感染、瘤形成、化学代谢中毒、精神创伤、组织坏死。数量下降说明存在巨大的细菌败血症和病毒感染。

三、红细胞计数

红细胞计数或者红细胞计数（RBC）是指一定体积内的红细胞总数。将特定的溶液与血液样本混合，在血细胞计数器中稀释，使用高倍显微镜在中心区域小方格中数出红细胞数量。

四、血红蛋白

血红蛋白是红细胞携带氧气的成分。血细胞中血红蛋白的状况含量可以映射出动物组织内的含氧状况。所有动物中最普遍的测定血红蛋白的实验技术需要使用一种叫做直接血红蛋白计量仪的仪器。

五、血细胞比容

血细胞比容是指红细胞占全血体积的百分数，也叫 PCV。进行这项测验时，将加有抗凝剂的血加入到微量毛细管中，一端用黏土密封，放入微量离心机中 1500 转/分，离心 5 分钟，之后将毛细管放进微量管记录仪中，就可记录出红细胞占全部样品体积的百分数。高的血细胞容量表明脱水，低的表明贫血。

在微量管中进行血浆和浅黄色部分的检测也可以产生一些有用的信息。血浆的颜色可以指示出黄疸病、高脂血症等。研究浅黄色部分是白细胞计数的快速方法。白细胞通常占全血体积的 1%。在动物中，白细胞计数较高的话，浅黄色的区域也会比平常厚。在白细胞减少症中，这部分可以被用作差别白细胞计数涂片。血细胞容量计数技术也可以被用于检测一些寄生虫微丝蚴的有无。

六、血液涂片

进行白细胞分类计数时，必须要鉴别 100 个白细胞，每种类型的细胞数量估算成占全体白细胞的百分数。这些结果通过与正常水平相比较可以估计动物的健康状况。许多疾病可以导致动物血液中某类白细胞含量的变化。如果有可能的话，差别血液涂片应用不加抗凝剂的新鲜血液，因为抗凝剂可导致细胞变形。如果必须要使用抗凝剂如 EDTA 的话，涂片要在 15 分钟之内准备好。

准备血液涂片时，用毛细管或棉棒取一滴血液放在载玻片的一端，第二片载玻片放在第一片上面，成 30°角，慢慢地靠近血滴，平滑过第一片，形成一层血液薄膜。将载玻片放入染色液例如怀特或吉姆萨中染色 1 小时。载玻片染色干燥后放在显微镜下观察，用油镜计数不同类型的白细胞，包括 5 种：

1. 中性粒细胞，含有分裂的细胞核和细胞质，不能被基本的染料染色，由骨髓产生，占白细胞总量的 45%～75%。评估中性粒细胞数量与细菌感染和组织损伤有关，水平下降预示着病毒感染。

2. 淋巴细胞，是圆的、表面光滑的白细胞，由淋巴结产生，占 20%～40%。淋巴细胞的含量升高是严重感染、白血病的征兆，含量下降与病毒感染有关。

3. 嗜酸性粒细胞，是细胞质中含有红色颗粒的白细胞，大概占 2%～5%。水平上升与过敏反应或寄生虫感染有关。在妊娠时期，嗜酸性粒细胞水平也可能上升。

4. 单核细胞，是大的白细胞，占 3%～5%。单核白细胞含量与严重感染的恢复水平或者是立克次体和原生动物疾病有关。

5. 嗜碱性粒细胞，是大的、可被染成浅蓝色的白细胞。一般仅占 1%，提示机体的应激反应水平。

七、红细胞指数

红细胞指数用于帮助诊断贫血，使用血红蛋白、血细胞容量和红细胞计数，通过数学公式估算出来。有三种类型的红细胞指数：MCV（红细胞计数平均含量）、MCH（平均红细胞计数中最大血红蛋白量）和 MCHC（每 100ml 细胞中血红蛋白平均含量）。

八、血小板计数

血小板呈圆形、卵形或棒状，直径 2~4mm，是血液凝固的根本因素，通过产生黏性物质来帮助保持血管的完整性。一般来说，当血小板的数量低于每微升 5 万到 10 万个，动物可能会易出血。血小板容易破碎，很难与普通的细胞碎片区分，因此很难计数。外科手术或其他类型的压力可能会导致血小板数量上升。

第三节　血液化学检测技术

血液化学或者临床血液化学研究血液中各类酶、新陈代谢废物和电解质的变化。血清和血浆的特定化学实验可以帮助检测哪些器官或系统受损或受疾病影响以及严重程度，许多疾病导致动物正常生化组成发生改变。

从血液中分离血清和血浆时操作要小心，从血液样本中获得血浆时应缓慢地混合抗凝剂，以免损伤细胞。混合后，样本离心，将管上层的血浆移至一个干净的容器中。

需要血清的时候，操作流程相同，但是不加抗凝剂，样品离心前室温静置一到两小时。血清与血浆的主要不同是血清中去除了纤维蛋白原（血液凝固的主要化学物质）。

第四节　血清学检测技术

如果动物接触抗原（外来物质），它的细胞就会产生特殊抗体与抗原反应。有很多技术可用来分析针对特殊疾病的抗体的含量，像小鼠肝炎病毒、仙台病毒、各种细菌。决定一个动物或群体是否接触了特殊的病毒性疾病，可收集血清样本后检测是否存在特殊抗原反应的抗体，如果抗体存在就说明动物或群体已经被感染。动物感染后，一段时间内血液循环中可以携带一定效价的抗体。效价高低在确定动物的健康历史和种群起源方面有价值。

抗体滴定法是评估抗体含量的有效方法。进行这项实验时，将血清在一系列的管中稀释成一系列浓度，每一管中的溶液都要进行活性检测，有阳性反应的最高稀释度被称作效价。例如，如果 10 倍稀释度的血清存在抗体反应，那么滴定量为 10。

抗体的滴定量对指示感染已知病原体的反应有用。例如，滴定量上升，说明可能是近期感染、反应强烈。要确定已知的感染，须在疾病之初取血清样本进行实验，之后 10~14

天再取血清样本。如果第二次的滴定量比第一次高，可以确定一个初步的感染诊断。运用这项实验，诊断范围首先可以被缩小到几种疾病。

血清可以储存在 −50℃ ~ −70℃ 极低的温度条件下。如果定期地从群体和储藏中取出血清样本进行比较，就可以追踪一种不常见的或新的疾病。

动物血清或血浆中抗体的含量可以通过血清学实验来定量，三种血清学技术常用于临床疾病的诊断：初期实验、二期实验、三期实验。

1. 初期实验   在三种普遍的血清学技术中，初期实验是最敏感的，可以检测到最微量的抗体。通过测定抗原抗体形成的复合物的量来衡量抗原抗体反应，使用放射性核素、荧光染料或者酶反应标签可帮助鉴别复合物。测定样本的放射线反应、荧光反应或者颜色变化使实验定量更容易。酶联免疫法使用酶作指示剂，酶底物产生特别的颜色，可以作为衡量确定抗原或抗体含量的标准。

2. 二期试验   这项实验也是衡量抗原抗体反应的结果，实验过程简单，但不如初期实验灵敏。例如沉淀素实验和补足物固定实验。

3. 三期实验   三期实验是衡量动物体内抗体的保护作用，不仅是抗原抗体结合的诊断提示，也是这些结合物保护能力的提示。另外，三期实验可衡量吞噬系统的吞噬作用和破坏能力。

第五节   微生物学检测技术

微生物学是研究各类微生物（细菌、放线菌、真菌、病毒、立克次体、支原体、衣原体、螺旋体、原生动物以及单细胞藻类等）的形态结构、生长繁殖、生理代谢、遗传变异、生态分布和分类进化等生命活动的科学，这些微生物通常用特异培养基进行培养和分离，它们独有的物理特性如菌落大小、形状和染色反应可以帮助鉴别，其生化特性如抗生素敏感或营养必需，也是鉴别的一种方式。

微生物学分析的准确性依赖于样本的质量。例如，所有样本都应该用无菌技术控制其细菌状况。血液、尿液或脑脊髓样本应该收集在无菌的容器里；培养来自于器官、伤口、皮肤或者无生命材料如饲养笼垫料的微生物时，应当用棉签蘸一下后直接收集培养，棉签不要碰到其他地方，无关的细菌可能使诊断不准确。

用棉签收集好微生物样本后应立即放入无菌容器中，接种到转运介质（通常是营养汤）或者是鉴别培养基中，快速地送入临床实验室。到达实验室后，接到营养培养基上，37℃培养。转运的样本迅速接种到适当的媒介上，鉴定平板，放入恒温箱中生长 24 小时。如果没有生长，延长 24 小时。如果在 24 ~ 48 小时阶段出现生长，可以观察和记录菌落的物理性质，记录的数据应包括尺寸、形状（圆形、平形、卵形）、外表（湿、干、滑和黏性）、需氧或厌氧状况。

记录物理性质以后，选择有代表性的菌落放在载玻片上染色，细菌通过观察其革兰染色过程被分成两组，革兰阳性为紫色，革兰阴性为红色。通过观察染色情况和形态学性质可以初步鉴别细菌，缩小后期特异性生化鉴定实验的范围。

菌落生长 24~48 小时后，更换新培养基，将抗生素圆片放到培养基表面，培养 24 小时后观察，对不同抗生素的敏感性可通过邻近抗生素圆片处细菌能否生长来判断，若不能生长，说明其对该抗生素敏感。

真菌疾病的诊断与细菌有许多相似之处，只是使用的化学物质和培养基不同。真菌的生长比细菌慢很多，要得到一个确定的结果需要更长的时间。

病毒疾病的诊断比细菌更难，因为病毒更难培养，它们不能用人造的培养基培养，必须用组织或细胞、鸡胚或者小型啮齿动物。病毒可以通过动物血清中的抗体来检测，也可以通过活的培养基中的特色反应来检测，一些病毒可以在电镜下观察。

第六节 尸 体 解 剖

尸体解剖是一种动物死后的实验方法，合理的尸体解剖对研究和诊断是极其重要的。尸体解剖可以帮助确定死因，也可以提供群体健康监测的信息。尸体解剖要求熟练，所有的结果必须准确记录，随后进行客观地分析。

在开始尸体解剖之前，要仔细收集有关病例的所有信息，动物的笼子也要进行处理，例如是否有腹泻或出血？动物的鉴定数据一定要记录翔实。

如果不能立即进行尸体解剖，尸体可以放在袋子里，做好标记，冷冻起来防止分解腐烂。一般来说，尸体不能冷冻，因为会在细胞内形成冰晶，导致细胞破裂或变形，使得通过组织学进行组织评估变得不可能。

尸体解剖的关键是整个操作过程要系统、彻底。先做计划，按照计划进行，至少要了解完整的尸体解剖需要观察什么组织。

尸体解剖由标记动物的性别和体重开始，然后进行粗略的实验观察（不需要使用显微镜）。实验操作从尸体一侧由前到后，再从另一侧由后到前进行。先处理鼻子、眼睛、嘴和牙齿，记录是否有食物，牙齿是否完好，之后处理腿、躯干、肛门、生殖器、最后是尾巴，最后检查动物是否有伤疤、脱毛、伤痕和其他污点，任何变化都要记录，整体状况如何，动物肥胖还是过瘦，毛皮光亮还是粗糙。仔细检查体外寄生虫，必要时取一些样本来诊断它们的状况。在第一刀切口之前要进行粗略的分析估计，尸体解剖的过程依赖于研究员或病理学家的想法和指示。收集内部组织标本一定要规范操作，收集组织的不准确可能会导致病理学家得出错误的结论。

第七节　组织病理学技术

组织病理学是微观评估疾病引起的组织变化。进行组织学实验时需要制备组织切片、样本保存、包埋、切片等技术。有些机构有病理学家，但是大多数都会把组织切片送到动物组织病理检测室或商业性诊断检测实验室。

第八节　尿液分析

尿液分析是研究尿液的物理和化学性状。泌尿系统疾病一般需要进行尿液分析，也可以帮助诊断确定其他疾病。尿液的变化不仅可以反映肾或膀胱疾病，还可以反映其他通过尿液排出废物的器官。例如，尿液中高水平的胆红素表明肝功能有问题，葡萄糖含量上升与糖尿病有关。

尿液的收集在大动物身上相对容易，可将导管插入尿道或膀胱收集。导尿不能获得无菌样本，收集无菌的尿液样本时，可将无菌针通过腹壁插入膀胱。

啮齿类等小动物，通过温柔地按摩腹部近端膀胱处只能收集 1～2 滴尿液。如果需要小动物的大量尿液，只能用代谢笼收集一段时间。从代谢笼中获得的样本不是无菌的，样本收集好之后应尽快检测，储存可能会影响结果。如果尿液一定要在分析之前放一段时间，应当储存在一个足够小的容器里冷藏起来。

通常尿液分析可以观察尿液的颜色、气味、浊度、比重和 pH。像葡萄糖、蛋白质或血液这样的化学检测可以很简单地用比色试剂条检测出来。将含有特殊的化学物质的纸条放入尿液中，一定的时间后，将纸条颜色与比色表比较，读出检测结果。

尿液的比重提示溶解的固体成分占样本总体积的比例，反映样本的相对浓度或稀释度，提示肾的溶解和稀释能力。水的比重是 1，而尿液的比重是 1.005～1.030。尿液比重可以用折射计来测量，尿液比重增加说明脱水，比重低说明肾有疾病。

血尿是指尿液中带血，血红蛋白尿就是血红蛋白进入尿液中，肌红蛋白尿就是肌肉损伤，肌红蛋白进入尿液中。血尿、血红蛋白尿和肌红蛋白尿都会导致尿液中有血液阳性反应，每一种都有不同的临床表现，因此，尿液中的血液阳性反应需要进一步确认。

尿液沉淀物的显微检测对检测或评估尿道紊乱有价值。尿液中常发现的沉淀物是破裂的晶体、蛋白质、上皮细胞、红细胞和白细胞。一般收集早晨的尿液样本用来做尿液沉淀实验，因为此时尿液中的沉淀物含量更多。样本应尽可能快的检测，细菌的增长可能加快细胞的损坏。

染色是进行沉淀物鉴别的实验方法，将尿液离心，加入染色液到沉淀物中，沉淀物和染色液完全混合后，取一滴在显微镜下观察。

第九节　放射医学检测技术

放射与日常生活密切联系。每个人每天都暴露在来自于地球、太阳和星星的射线中，所有人类体内都有少量的放射性核素。放射医学是有关放射能量和放射物质的科学，既是一种诊断工具又是一种治疗方法，在实验动物科学中的应用越来越重要和广泛。

一、X 射线

X 线诊断（R）：以德国物理学家 Roentgen 命名，他在 1895 年发现了 X 射线。

Rem：Rem 是等效于电离射线数量的一系列射线的集合，电离射线产生与 X 射线或伽马射线相同的生物学效应。

居里（Ci）：以科学家居里命名，一个居里表示每一个单位时间内由于原子分裂发射射线的数量。一个居里等于每秒钟分裂 3.7×10^{10} 次。

半衰期：每一种放射性核素以特定的速度衰减，衰减到一半所用的时间就是半衰期。放射性核素的半衰期从几秒钟到百万年不等。

X 线片：是 X 射线穿过机体产生的辐射敏感度影像。

对照：一个影像与周围影像的密度、暗度对比。

辐射不透过：一个对象或主体吸收或反射 X 射线的能力，会产生一张白色的影像。

技术图表：计算评估一个标准状态下 X 射线发射机器的性能，这个标准状态是指电压、焦距、电流、屏幕、产生人体各部分影像需要密度的网格。

DV：检测对象被放置的位置，X 射线首先穿过检测对象的背面，腹面离胶片最近。

VD：检测对象被放置的位置，X 射线首先穿过检测对象的腹面，背面离胶片最近。

AP：四肢的 X 线片，X 线片最先穿过四肢的前面，后面离胶片最近。

PA：四肢的 X 线片，X 线片最先穿过四肢的后面，前面离胶片最近。

器材设备：

X 射线仪是一台电子控制设备，有一个控制面板、高压转换器、X 射线发射管和一张桌子。机器有一个或多个控制开关，控制面板可以调整电压、电流、暴露时间和焦距。

电压表示光束的透过能力。电压增加，电子速度增加，透过能力就增加。电流表示当前的流量，决定了光束中 X 射线的数量。曝光时间表达为毫安乘以秒，表明了曝光的全部数量。X 射线像光波一样，都是高速运动能量的电磁波。X 射线有光的大部分性质，也有一些特别的应用于医学和工业上射线、治疗和研究的性质。例如，波长很短，能够通过那些吸收或反射可见光的材料，会使某些物质发出荧光。X 射线使胶片曝光，产生可以看见的记录结果。最后，X 射线能使活细胞、基因和染色体发生变化。

使用 X 射线管是收集 X 射线最有效的方法。X 射线管是一台通过引导电流产生 X 射线的电子设备。当这些电子攻击到目标的原子上时，会迅速减速，能量转移到热量中。电压在一个较大范围内变化时，X射线的性质也会发生改变。电压处于较低水平的时候，X射线比较温和，波长较长，容易被吸收。电压较高时，X射线比较强烈，波长较短，能量高，有更强的穿透力。X射线的吸收水平由其波长、光束路径的组成和对象的厚度密度决定。

X射线管由玻璃组成，撞击震动时容易裂缝破碎，因此，在机器附近工作时要小心。X射线管周围的金属叫做管壳，支持和保护射线管，阻止射线发散。管壳也含有绝缘物质保护高电压电缆和冷却用的油，也可能在管壳里装一个冷却风扇。

X射线像可见光一样，从光源直线向各个方向发射，除非被一个吸收器封锁。金属壳就是这个目的，只允许有用的射线通过叫做锥体或准直仪的玻璃墙。准直仪不会聚焦光束，它能封锁X射线，限制它们从设备中逃离，降低射线区域的大小，这种限制降低了技术人员的暴露，提高了射线的质量。许多X射线机器有照明灯，同准直仪联合工作，投射出一条可见的光路，可用来判断暴露范围的大小。也有的有十字线，提供一个可见的X射线的中心点。

由于原始的X射线由高能量的光子组成，在路径上放一个过滤器，对胶片曝光不会有影响，可被病人组织浅表几厘米吸收，这些过滤器因此被用于保护病人，它们一般由铝做成，用于诊断学X射线，用铜做成的用于高能量的射线。

一个X射线桌放在X射线管的下面，固定录像带或胶片，提供病人的物理支持。一些X射线桌可以垂直旋转，允许操作者对站着的病人操作。

X射线直接通过病人的身体时，不同密度的组织反应不同，不同组织密度的图形就印在了胶片上。当原始的射线通过病人时，一些射线被吸收，一些被分散于各个方向。

保护X射线的胶片不受曝光损害就要把它放在暗室的保护容器中，之后小心地转移至X射线室。该容器保护胶片不曝光，但可允许X射线对其曝光。最常用的容器是塑料或铝制成，带一个盖子，里面的背面有一箔衬。

胶片中含有敏感的乳胶，由溴化银和碘化银组成的微小晶体组成。当乳胶吸收X射线或光的时候，这些银化合物就发生变化，潜在的这个图像就会记录在胶片上。然而，这些图像不能通过正常方式观察，暴露的胶片要进一步处理，化学变化将凝胶中的银化合物转变成黑色，图像就可见了。

当对动物进行X线检查时，一定要温柔地对待动物，减少其紧张，兴奋的或受惊吓的动物通常不会和处理者合作。肌肉紧张使得其位置不合适，受压迫的动物想要移动，会导致胶片模糊。定位动物时对解剖结构和身体平面的熟悉非常重要。在脊柱、骨盆、头盖骨和肩胛骨的成像中，要避免肢体旋转。

显影增强剂经常用于观察那些可能看得不清楚的器官的密度。像硫酸钡、碘复合物是阳性增强剂，可以增加胶片上的亮度。研究血循环时，增强剂迅速注入静脉后，要时刻警戒增强剂的过敏反应和呕吐。动物中的不利反应不常见，但可能会影响动物状态的评估，麻醉的类型和深度要控制。

其他的特异性放射实验根据身体目标部分来命名。例如，骨髓病的 X 射线实验需要使用放射媒介，将碘复合物加入到脊髓中。血管造影法将染料加入到循环系统中，射线成像描述静脉和动脉。

二、其他成像技术

X 线成像有许多限制条件，射线对病人和使用者有潜在危害，因此，使用时要严格限制曝光。X 线片的细节是可变的，一些组织太小而不能辨别。另外，X 线片是二维的，三维空间定位机体的准确位置很困难。

1. 荧光　荧光仪是一种能够制作动态图片的射线机器，在 X 射线曝光过程中，图像被呈现在屏幕上。荧光在血管造影法中经常使用，将导管从大腿不太重要的静脉中插入到心脏静脉中，形成一个使用荧光的导管通路。其优点是可以即刻调整导管通路，而不是等到做成底片后。

2. 超声　超声是使声波传入身体的技术，通过机器将反应转换成图像，不同组织密度产生不同的图像。超声不需要摄入射线或染料，通过传感器产生和接收声波，图像可以被做成照片或像心跳那样的动态图。

3. 断层扫描术（CT）　CT 有时候也叫做 CAT 浏览，将 X 线片与电脑技术联系起来，CT 片取代了 X 线片。X 射线束可以精确到 1~10mm 厚度的组织。另外，射线可以绕病人360 度旋转，每转一周可以制作出 1000 张切片，在电脑屏幕上，出现一系列的组织的非常薄的二维光片。

4. 磁共振成像（MRI）　MRI 可以形成比 X 线片、CT 片更详细的图像，不需使用电离射线。这项技术利用组成组织的分子有一小块磁性区域，这些磁性区域可以被放射波检测，这些磁性区域导致组织内的原子依磁力排列，就像金属片依磁力排列一样。外部的磁场导致组织内分子能量搏动，这些搏动可以被计算机检测。像在 CT 中一样，生成多张 3mm 厚的薄片，可以进行组织结构或损伤定位。

5. 正电子发射断层扫描（PET）　PET 用来衡量活体内生物反应比率。如 CT 和 MRI 一样，多张组织切片可用电脑进行成像，可以衡量包括血流、膜转运、新陈代谢等。PET 需要使用放射性核素，放射性核素是一种可以发射射线的元素，通过同位素示踪检测其他物质的存在和数量。

自然界的放射性核素有碳、氧、氮和氟等，可与药物联结而不改变这些物质的组成部分。例如，放射性的 ^{18}F 与葡萄糖连在一起，就带上放射性标签。放射性标记的葡萄糖进入病人体内，对病人的大脑进行 PET 观察，脑中葡萄糖的新陈代谢可以通过检测反射强度测出。大脑中负责阅读的特定区域可以通过检测病人阅读时大脑不同区域的葡萄糖放射性强度定位出来，所有组织器官的特殊作用都可以使用这种技术定位出来。

第十三章 药 理 学

药理学是一门内容广泛的学科，涉及生物化学、生理学、解剖学、组织学和病理学等。这里仅仅只涵盖了药理学的一些基本原则，一部分是关于维持实验动物健康的药物分类，另一部分是怎样应用这些药物。

正确使用药物会带来巨大好处，不恰当用药有时会带来致命的副作用。药物的有效治疗剂量和能引起毒性的剂量常常只有很小的差别。

就像致病原可能只是引起疾病的因素之一，药物也可能只是治疗疾病的一部分。比如，如果动物因为营养不良抵抗力变弱而易于感染，那么仅仅只是给其药物治疗而不改善饮食是不够的。每一种疾病都能通过单纯的药物治疗而痊愈的想法是片面的，会误解疾病的本质。对实验动物健康来说，更重要的是合理的日常饲养和环境设施。

在给药之前一定要先咨询主管兽医，同样也要咨询研究者（PI），以避免选择的药物给研究带来不利影响。

第一节 药 物 分 类

能用来做药物的化学物质有成千上万种，不可能记住每一种药物，更不用说每一种药的作用、怎样发挥作用、可制备成何种剂型和优势等等。研究合理应用药物的一种简单方法就是以某种方式将众多的药物进行分类，提供各种类型药物的整体概况。有了这样一个分类系统，在某种情况下就可以考虑应用同种类型的药物，进而选择其中最合适的品种。

药物分类有很多种方法，最常见的两种分类方法是根据药物的初始效应和作用靶点，大部分药理教材都是按其中的一种来编写的。

一、根据药物的初始效应分类

最有效地分类方案之一就是根据药物的初始效应，当动物疾病的病因不明时这种分类方法很有用，可以帮助选择药物来对症治疗。比如动物发生便秘，具体原因不知，可能是因为粪石堵塞、饮食方面的问题，或是误食垫料，很显然泻药就能帮其改善症状，在药理书里查询泻药并选择合适的泻药很简单方便。

　　选择最合适的药物需要知道药物的初始效应和如何起效。大部分基于药物初始效应的分类又将其细分至作用模式。比如一些药物可以用作泻药，泻药又分成刺激性、容积性、润滑性泻药或是表面活性剂。每组药物都有导泻的共同效果，但是起效方式不同。刺激性泻药可能刺激肠道黏膜或是直接作用于局部神经使肠收缩强度增加。容积性泻药吸收水分并肿胀，将水分吸收入肠内容物，因此增加了肠蠕动的频率。润滑性泻药可润滑食物颗粒和肠内容物，防止水分的丢失并增加容量，也使肠内容物运动更快。表面活性剂可降低肠内容物的表面张力。因此，很多药物通过不同的方式和对内部组织不同的作用来发挥相同的效应。

二、根据作用靶点分类

　　根据作用靶点分类使药物与机体的特定部位联系起来。比如一只动物有胃肠道问题，了解作用在胃肠道的药物种类有助于选择最合适的药物来达到目的。

　　在不同机体部位产生相似效应的药物可以按作用靶点分类。当疾病症状（如便秘）和基本的病变部位（如胃被粪石阻塞）已知的时候，这种分类系统最有效。这种情况下需要选择一种在胃起作用并能润滑阻塞部位的药物，以使粪石和内容物能通过胃肠道。

　　还有很多其他的药物分类方法，每一种分类都有其独特的应用。比如，根据化学结构的分类系统很可能是化学家的兴趣所在，他们可以基于此来研究化合物的分子结构与其医学功能之间的关系。药物化学结构的轻微改变就可能引起它对机体的效应、效应持续时间等明显改变。结构——功能之间的关系有助于理解药物作用的部位、机制和原因，也有助于新药的开发。

第二节　给药途径

　　技术人员必须掌握各种给药途径及其每一种给药途径的优缺点。给药途径一般有4种：肠道内给药（直接到胃肠道）、肠道外给药（通过皮肤到深部组织或结构）、吸入给药（作为气体或是喷雾吸入呼吸道）和局部给药（直接在表面用药，通常是皮肤）。实验动物给药途径的选择与药物应用同样重要，在很多情况下给药途径决定了应用哪种药。很多药物可以通过不同的途径给药，但是并不是所有的途径都是安全的。大多数药物制备的形态限制了它们的给药途径。例如，一些药物通过静脉给药是安全有效地，但是口服给药却有毒性或无效。

一、经胃肠道给药

　　胃肠内给药意味着直接把药物送至胃肠道，大多都是口服或是直肠。药物自胃肠道通过上皮组织吸收是一个主动选择的过程。口服药物一般有片剂、胶囊、粉末、溶剂或是混悬液等剂型。片剂和胶囊一般都人工直接喂给动物，以确保动物接受全部剂量。粉末、溶剂和混悬液用在大动物时一般是混在食物中或是通过胃管，在啮齿类动物中通常是用强饲法。将药物混在食物中是一种方法，但是相比于其他方法来说这种方法并不精确，因为动物的食量是不一定的，如果药物有强烈的味道，影响就更大。口服用药易于被机体吸收，一般用于系统（全身）治疗。泻药、某些抗生素如新霉素和一些驱虫剂很难通过胃肠道吸收，在肠道内可以保持高浓度，这使它们能更好地发挥作用。

直肠给药可以通过栓剂或者是灌肠。直肠给药通常用于呕吐的动物、异常虚弱的动物或者是药物的剂型需要直肠给药（如栓剂）。相比于静脉给药，经直肠给药一般吸收不完全，且速度较慢。

二、胃肠外给药

所谓胃肠外给药是指不通过胃肠道的一种给药方式，通常是用皮下注射把药物直接注射入组织。这种给药方式在动物中应用广泛，因为药物受到的限制最少，给药速度最快，给动物带来的刺激也很小。经这种途径给药，药物能最快吸收进入循环系统或者靶点并达到高浓度。最常见的胃肠外给药方式有：静脉给药（IV）、皮下给药（SC）、皮内给药（ID）、肌内注射（IM）、腹腔注射（IP）和心内给药（IC）。

在特殊情况下还有几种其他的给药途径。蛛网膜下或鞘内给药可以把药注入脑脊液，如脊髓麻醉；关节内给药可把药物注入关节内；鼻内给药时缓缓将药物滴入鼻内，这是特定药物、疫苗或传染源进入体循环的一种途径。药物经加工制备成可以喷洒到鼻黏膜的气雾，通过鼻黏膜丰富的血管吸收入体循环；结膜内给药时药物在眼结膜层的表面组织，就如皮内注射时药物在皮层，药物从此处慢慢释放，在治疗某些眼科疾病时这种方式很有效。

皮下给药包括皮下灌注和颗粒植入。前者是将大量液体注入真皮下来延长吸收或补充加强静脉给药。后者药物混在不可溶的颗粒中被植入皮下，可以数星期至数月内缓慢持续的释放药物。

非肠道给药应该是无菌、无刺激且无致热源，也就是说，这些药不应含任何引起发热的物质。如果注射用药物，注射器和针头不是无菌，便会发生感染和组织损伤。另外如果注射的部位不正确，刺激性药物可能会引起无菌性脓肿或是组织腐蚀脱落。一些刺激性药物直接经静脉入血时很快被稀释（如静脉注射巴比妥类麻醉药），如果药物意外进入皮下组织，在高 pH 的碱性环境下会引起组织的坏死。几星期后，坏死组织会从组织周围脱落下来，需要很长时间来修复伤口。

三、吸入给药

吸入给药是将药物吸入呼吸道的给药方式。应用的药物必须是气体、挥发性药物或微细气雾。任何大于 $5\,\mu m$ 的颗粒或微滴都会在呼吸道内的某一部位被阻塞，从而不能到达肺的吸收部位——肺泡。

吸入给药最常见的应用是吸入麻醉剂，呼吸道疾病可以通过该途径给药治疗。吸入给药的主要优点是药物吸收快，在应用吸入麻醉药时可以将其快速清除，从而快速恢复。缺点是药物必须通过气管内导管、面罩或在吸入室。把导管插入时动物须是无意识的，动物只有通过严格固定或是大量训练才能通过面罩吸药。吸入室是内含气体和药物混合物的密闭容器，价格昂贵，整个吸入室必须充满气体或吸入药物以使动物吸入药物。

四、局部给药

局部给药是指药物应用于皮肤或是黏膜，这些药必须是溶剂、混悬液制剂、洗剂、药膏或糊剂，通常用于局部治疗。局部应用药物的浓度、治疗区域和作用位点很重要，因为只有真正接触皮肤或黏膜的药物才会被吸收。这种给药方式的全身吸收率最低，但是用药区域却可达到很高的浓度。如果药物需要在小区域内达到很高浓度但是经胃肠外给药会产生毒性，那么此时局部给药是很好的选择。

局部给药应用于动物有很多缺点。如果药物用在被毛发或是羽毛覆盖的区域，药物就很难与皮肤接触。如果药物具有黏性，那么用药部位会有很多污垢和垫料，而且药物很容易被动物舔舐、擦除或洗掉，除非动物被固定限制。

五、给药途径的选择

在选择给药途径时需要考虑药物剂型、药物效应、毒副作用以及可操作性等。很多药物只有一种剂型，其他剂型无效。很显然，一个局部膏剂的药物是不能用于注射的。药物的化学特征限制了给药途径，如泻药仅能通过口服。

如果给药途径错误，一些药物可能无效、有毒或是既无效又有毒性。比如一些抗生素不能口服，因为在它们被有效吸收入血之前会被胃酸破坏。制霉菌素是一种抗真菌的药，口服或是局部应用都是安全的，但是如果通过静脉直接入血就有毒。一些药物通过不同的给药途径可能产生完全不同的效应。比如硫酸镁（泻盐）口服时可用作泻药，静脉给药时是一种中枢神经系统镇静剂或催眠药，局部应用时又是一种抗炎药。

动物给药时，可操作性与医学上的考虑同样重要。比如，将狒狒饲养在大笼子里而无任何限制装置，每天给其局部应用膏剂多次，这是很愚蠢和危险的。同样的，用吸入室来给一匹马吸入抗生素，不管是建造还是操作都异常昂贵。血液中的药物浓度和药物作用速度之间的关系与给药途径相关表（表13-1）。

表13-1　给药途径与平均药物起效时间

给药途径	平均药物起效时间（分钟）
静脉给药	立即（≤1）
心内给药	立即（≤1）
肌内注射	非常快（≤10）

给药途径	平均药物起效时间（分钟）
腹腔注射	非常快（≤10）
吸入给药	非常快（≤10）
皮下给药	快（10~60）
口　　服	中速到慢速（≥60）
局部给药	中速到慢速（≥60）

第三节　药　物　剂　型

药物有许多剂型，熟悉剂型和特殊的给药途径对选择最合适的剂型很重要。

一、胃肠道用药的剂型

口服给药的剂型一般有溶剂、混悬剂、胶囊或片剂。溶剂可能加有调味剂或甜料来增加适口性。

混悬剂是不溶性药物或其他物质与矿物油、水或酒精等液体的混合物。一种混悬剂可能包括不止一种药物，药物与其他化学组分之间不应发生反应，以避免使其中的任何一种药物组分的生物活性降低或是失活。为了确保合适的剂量，混悬剂在每一次使用前都必须充分混匀。胶囊能被正常的胃肠液体溶解，通常由硬的或是软的明胶制成，内含药物。药物本身可以是粉末或是球状颗粒，能以不同的比率分散溶解在胃肠道。能持续溶解的称为定时缓释胶囊。片剂是被塑成各种形状和大小的固体制剂，片剂可有特殊的包膜即肠溶衣。肠溶衣在胃内不可溶，但是在小肠中可溶，肠溶衣保护药物不被胃液破坏或对胃引起严重刺激。

大丸剂通常用于牲畜给药，须用一种叫注射枪的专门仪器进入动物的口腔。

如果不能吞咽或因其他原因需直肠给药，直肠给药的剂型通常是栓剂或保留灌肠剂，灌肠剂一般是水溶剂或是混悬剂。栓剂包括能在体温溶解或熔化的半固体物质。

二、胃肠外用药的剂型

胃肠外用药物必须溶解在无菌无致热原的介质。通过静脉、动脉或心内注射的药物通常溶解在蒸馏水、生理盐水或右旋糖酐中。当一种药物需要长期维持一定的血液浓度时，除了持续给药外还可以采用长效制剂。长效制剂缓慢释放，在循环系统中可以维持相对持久的浓度水平。特殊情况下，一种药与其他能引起血管收缩的药混合，可降低第一种药从注射部位的吸收比率。如果药物需要很快分散，可以将其与酶等能快速分散于结缔组织的药剂混合。

三、吸入用药的剂型

吸入的药物通常是气体，但是溶剂或是粉剂可以加入气体形成气雾或烟状产物，即气溶胶或雾化吸入剂。如果气溶胶或雾化吸入剂的颗粒大小不是特别小（5μm 或更小），药物就不能到达深部肺组织。

四、局部用药的剂型

大量介质被用于制备局部用药。一般用包含药物的水和酒精溶液浸入治疗部位。散剂是粉末状药物和惰性物质（如滑石粉）或与其他的粉末状药物（如氧化锌）的混合，药膏是药物与水在矿物油乳化剂（软膏剂）或油在水乳剂（乳青剂）的混合物。

第四节 影响药物效应的因素

如果同一种药对任何动物都起到精确的相同的功效，那么药理学就很简单了，但事实并非如此。很多状况或条件影响了药物效应，包括一些与药物本身相关的因素比如剂量、剂型、浓度或效价强度等，以及与动物相关的因素，比如种属、年龄、性别、健康状况和营养等。要正确选择和应用治疗药物，必须了解药物与动物相互作用的影响因素。

一、种属差异

种属差异特别重要，不同种属动物对相同药物的反应不同。比如给猫吗啡后会中使枢神经系统兴奋，而其他大部分实验动物则表现为中枢神经系统受抑制。啮齿类动物和马没有呕吐反射，它们不会通过呕吐来清除药物。

二、年龄

很多酶系统随年龄而改变，年幼和年老动物的肾和肝的功能通常会减低，它们不能像正常成年动物那样代谢和清除药物。

三、性别

动物的性别可以通过几种方式影响药物的作用，雌、雄动物的性激素会影响药物的作用。某些种属的雄性和雌性的大小明显不同，体重直接影响药物在作用部位的浓度。

四、时间

昼夜节律改变机体的活动和功能，也影响药物在组织的吸收和分布。

五、体温

动物的体温影响特定类型的药物应答。例如，性情紧张的动物总是比安静的动物需要更多的镇静剂和麻醉药。

六、代谢和排泄率

动物的代谢率影响药物在组织的浓度。如果药物被代谢或是排泄缓慢，重复给药会使药物在组织内积聚。为了安全有效，反复给药须注意与失活和排泄率相关的药物剂量水平（维持剂量），以使药物在组织中维持在理想水平。

七、生理变化

水容量、电解质浓度比如盐、钾和氯离子、体温、呼吸频率和尿量影响动物对药物的应答。

八、病理情况

药物通常是经过肝肾代谢和排泄，肝肾疾病会影响药物代谢和排泄。

九、遗传

特殊遗传特征会引起某种酶水平的升高或降低，例如，阿托品酯酶是一种在兔血清中发现的酶，能中和阿托品（一种能有助于预防过多的呼吸道分泌物的麻醉前药物），因此，阿托品对兔几乎不产生效应。在不同的小鼠品系中药物的效应会有很大的不同，兽医开药时必须考虑这些因素。

第五节　药　物　应　用

药物应用有很多方式，有的仅缓解症状而不影响病因，比如吗啡可以减轻疼痛但是却不能纠正病因。与其他药物一样，公布的吗啡应用剂量代表了平均动物的推荐剂量，每一种动物的剂量必须考虑影响动物药物效应的所有因素。治疗剂量必须充分产生药理效应而无毒性，并不一定就是厂家建议的剂量。对药物的耐受性和敏感性与个体对正常剂量的应答有关，耐受性是指对正常剂量的应答速度或幅度降低，而敏感性是指应答升高。偶尔一组药的一种药物会产生对该组中其他药的交叉耐药性（或敏感性）。比如，对青霉素敏感可能导致对氨苄西林、阿莫西林和其他同组药的敏感。

如果两种或两种以上的药物同时应用产生与单种药物不同的效应（通常是更强烈或更持久），称为药物的协同作用。比如联合应用甲氧苄嘧啶和磺胺甲嘧啶，这两种抗生素都能杀菌，联合应用会比单独用药产生的药效更强。增强现象通常指一种药物与其他种具有不同作用的药物合用时，这种药物的药效增强的现象。比如肾上腺素能增强局麻药普鲁卡因的麻醉效果，因为肾上腺素能收缩局部血管，减少血液清除麻醉药的速率。利用药物的协同作用或是增强现象可以用低于每一种药物正常剂量来获得正常的药效，同时也极大地降低其毒副作用。联合用药时必须谨慎选择，不同的药物可能不相容，以免药物反应产生另一种无效或是有毒性的化学物质。

所有的药物即使是水，过量之后也有毒性。为确定药物的毒性，将药物产生毒性作用的剂量或致死剂量与其产生药效的剂量进行比较，所得比值称为治疗指数或是安全系数。可以用下面的公式来表示：中毒剂量/有效剂量 = 治疗指数（TI）。如果一种药物中毒剂量是10mg/kg体重，治疗的有效剂量是2mg/kg体重，那么治疗指数或安全系数就是两者相除即为5。同样的，如果某药的治疗指数是20，意味着该药的中毒剂量是其有效剂量的20倍，这第二个药要比第一个药安全4倍。

第六节　药物分布和清除

药物在体内的分布变化很大，有的药物可以分布到全身的体液中包括细胞内，有的药物不能渗入细胞膜而分布在细胞外液，一些药物可以与细胞内液中的特殊蛋白结合。药物在体内的分布可随时间而变化，一般细胞内的药物要比细胞外的药物维持时间长。

药物最终将被代谢和清除，随着代谢过程经过一系列的变化而失活，被代谢为无活性的化合物。某些情况下，药物经代谢后可以同样有效，甚至变成药效更强的物质。药物排泄的主要器官是肾，也可以通过肝、胆汁和粪便排泄。有的药物经肾在尿中几乎不改变，但是大部分的药物发生变化。代谢过程或是解毒作用一般发生在肝，在选择用药和药物剂量时一定要考虑是否有肝肾疾病。

挥发性药物部分通过肾代谢，大部分通过肺脏呼吸排泄到体外。

第七节　药　物　控　制

为防止应用于实验动物的药物被滥用或是用于人身上产生成瘾性，药物尤其是毒麻品需要特殊管理。1984年9月，第六届全国人民代表大会常务委员会第七次会议通过《中华人民共和国药品管理法》中的第三十九条规定：国家对麻醉药品、精神药品实行特殊的管理办法。1987年和1988年，国务院先后发布《麻醉药品管理办法》和《精神药品管理办法》，分别对麻醉药品和精神药品的生产、供应、运输、使用、进出口的管理作出了明确规定。公安部门对于毒麻品的管理也有相关规定。

这些药物有特殊的管理控制，使用时要详细记录实验机构接受了多少受控药物、这些药物的使用时间、方式和现存数量。

大多数机构会指定专人订购和接收受控物质，保存药物要双人双锁。每次打开柜子分发药物时必须详细记录药物的使用时间、使用数量、使用者和剩余数量。每次药物应用于动物的时间、日期、用量、用药的特殊动物或项目都要记录，同样，受控物的使用也应记录在动物健康记录或是研究者的实验记录本上。

滥用这些药物或是不准确记录是违法的，会被吊销购买这些药物的许可证、罚款、甚至触犯刑律，因此熟悉并认真遵循实验室受控药的准则十分重要。

第八节　常　用　药　物

本节列举的药物是大多数研究机构的常用兽药，只是制药行业销售品牌的小部分。在开始叙述之前先介绍几个定义，了解一下几个术语有助于理解不同治疗的基本原理，也可以帮助使用者从生产厂家订购药物。

一、通用名与商品名

通用名是药物的化学名称，商品名是商标的名称或是销售时的名称。一种药物只有一个通用名，但是可以有不同的厂家和商品名。

二、杀菌剂与抑菌剂

抗生素有时被分为杀菌剂和抑菌剂。抑菌剂能减慢细菌的生长直到机体的免疫系统杀死细菌。细菌的类型和疾病的进展决定了兽医用药的类型。

三、革兰染色

革兰染色是显微镜下应用于细菌的特殊化学染色方法，细菌被染成红色或者紫色，取决于细菌的类型。紫染的细菌称为革兰染色阳性，红染的为革兰染色阴性。假单胞菌是水中常见的污染细菌，革兰染色阴性。葡萄球菌是皮肤常见寄生菌，革兰染色阳性。

四、抗菌谱

根据抗生素主要是针对革兰染色阳性或阴性细菌，可将其分类，也就是所谓的药物抗菌谱。青霉素是革兰染色阳性的抗菌谱，杀死革兰染色阳性的细菌。广谱抗生素能有效地针对革兰染色阳性和阴性的细菌。

五、兽药与人用药

很多药，尤其是抗生素既用于人也用于动物，通用名都是一样的，商品名却不同，在药物说明时会混淆，所以知道药品通用名很重要。

第九节 抗 生 素

抗生素是那些能杀死细菌、真菌或病毒的药物，绝大多数是针对细菌的。

一、抗菌药

1. 磺胺类　磺胺类药物是应用最早的一种抗菌剂，可以治疗肠道疾病如球虫病，但是磺胺类是广谱抗生素，也可用来治疗肠道感染、呼吸道感染和其他疾病。常用的此类药物有磺胺二甲嘧啶和甲氧氨苄嘧啶与磺胺嘧啶的复方制剂。磺胺类药物也可加在免疫缺陷小鼠的饮水中，以免小鼠感染卡式肺孢子菌。

2. 喹诺酮类　最常用的喹诺酮类药是恩诺沙星。广谱抗生素，可用于治疗多种细菌的感染性疾病。

3. 氨基糖苷类　该类药中最常见的是新霉素、庆大霉素和阿米卡星。新霉素常与其他两种抗生素杆菌肽和多黏菌素联合用于局部用药。新霉素的复方剂还是常见的治疗从小鼠到猴的眼部疾病，如结膜炎和轻度的角膜病变。新霉素主要抗革兰阴性菌，其他两种抗革兰阳性菌，所以这种复方制剂是强效的广谱抗菌药。庆大霉素也常用于局部治疗，但是也用于系统治疗，主要针对革兰阴性菌。阿米卡星比庆大霉素更有效。

4. 头孢菌素类　这类药主要用于抗革兰阳性菌。实验动物最常用的是头孢噻呋和头孢拉定。

5. 大环内酯类　红霉素是最常用的大环内酯类，它能有效地治疗皮肤病和影响胃肠道。

6. 氯霉素类　氯霉素常用于眼部，是广谱抗菌药，可有效治疗多种病原菌。

7. 青霉素类　青霉素类是最常用的抗生素，这类抗生素有很多不同的分子结构，但都以青霉素为基本结构。最常用的是普鲁卡因青霉素和苄星青霉素。普鲁卡因青霉素是严格的肠道外用药，作用持续时间长（48 小时），因此用于治疗易感细菌。另一种常用的青霉素是氨苄青霉素。普鲁卡因青霉素与氨苄青霉素合用是抗革兰阳性菌的有效药物。

青霉素类抗感染的一个问题是，有的细菌能产生一种使其失活的酶，即产生耐药。解决办法是联合用药，如青霉素、阿莫西林和克拉维酸合用，阿莫西林比氨苄青霉素的抗菌谱广，克拉维酸能中和细菌产生的酶。

青霉素对大部分物种无毒，但是对仓鼠和豚鼠却是致死性，长期用于家兔会导致其死亡。大部分动物的肠道中寄生着正常的革兰阳性菌群和少量的芽孢杆菌。青霉素能杀死正常的肠道菌群导致芽胞杆菌大量快速增殖，从而使动物死于肠毒血症。芽孢杆菌能产生一种毒素，使动物在几小时内死亡。

8. 四环素类　此类药物有四环素、金霉素和土霉素组成，商品名也很多，几种常见的有耐久霉素（四环素）、金霉素（氯四环素）、土霉素，广谱抗生素，应用范围广泛，从猫眼的衣原体感染到大肠杆菌引起的猪痢疾都可应用。在仓鼠和豚鼠中，因四环素类很少引起肠毒血症，故常采用口服给药。

二、抗真菌药

真菌引起的感染一般有两种类型，一种是表皮感染称为癣，另一种是系统感染，系统性感染很难治疗并常引起死亡，两种都是人畜共患病。

很多动物表皮带有真菌，一些动物不表现出明显症状，猫是常见的无症状携带者。症状明显的表现有皮肤干燥、圆形斑状、脱屑，常伴有瘙痒。诊断时须从病变边缘收集一些毛发，送至实验室培养。如果证明引起癣的是一种真菌（小孢子菌或毛癣菌）就应立即治疗，通常是用硝酸咪康唑、制霉菌素或是其他的抗真菌药来进行局部治疗。系统性的真菌感染需要用酮康唑或是两性霉素治疗。

三、抗寄生虫药

治疗动物寄生虫感染的药物跟抗生素类药几乎一样多。控制寄生虫感染应该始于动物供应商，要向供应商明确提出无寄生虫的要求。若常规检查发现寄生虫就应该进行驱虫治疗。

实验动物最常用的抗寄生虫药是伊维菌素，可应用于从小鼠等啮齿类到猴等非人灵长类动物。伊维菌素应用途径多样，可以口服、静脉给药或是局部用药，应用范围很广，无论是体内的寄生虫如蠕虫，还是体外的螨虫、虱蚤，它都有效而且很安全，但是对新生啮齿类动物有毒性，因此在护理动物时应谨慎。伊维菌素对某些类型的犬如柯利牧羊犬有毒性作用。在实验动物中伊维菌素最常用的方式是它的稀释注射液。

芬苯达唑是一种用来治疗体内寄生虫的药物，可用于所有的实验动物。芬苯达唑可掺在啮齿类的饲料中，安全有效，可用来治疗啮齿类动物的蛲虫病。

噻吩嘧啶能有效治疗多种动物的蠕虫，并且安全性好。

除虫菊酯是一种杀虫剂，可用来治疗多种动物体外的寄生虫，有多种商品名，可以是粉末状、喷雾或是洗液。与杀虫剂不同，除虫菊酯不含有机磷，不仅安全有效，而且可生物降解。

有时也使用其他的驱虫药，如重生特用来治疗猫狗的绦虫病，双甲脒用来治疗犬的毛囊虫疥癣，美贝霉素肟用来预防犬恶丝虫。

四、止泻药

腹泻是很多物种常见的临床症状之一，由于肠受刺激引起肠痉挛。肠道受刺激大部分是因为肠道寄生虫、过量饮食、应激或胃肠系统疾病。治疗单纯腹泻的目的在于用胃肠道保护剂减少刺激，减少胃肠痉挛，治疗可能的感染等。阿托品和氨戊酰胺是两种最常用的缓解肠痉挛药物，口服新霉素是最常用的治疗单纯肠道感染的措施，这些药物可单独或联合应用。

五、抗炎药

炎症是机体对抗损伤的自然应答，临床症状表现为损伤部位的水肿、疼痛、发热和发红。药物治疗可减轻症状、控制疼痛。抗炎药也可用作手术后的镇痛药，但是更强效的镇痛剂如阿片类则不能应用。

六、皮质类固醇类药物

肾上腺可以分泌皮质类固醇类化学物。人工合成的皮质类固醇比体内正常分泌的效果更强，是一类强效的抗炎、解热和止痒药，此类药物可以口服、肠道外局部应用。最常用的有地塞米松、曲安奈德和泼尼松，这些药可以单独或与其他药物联合应用。

类固醇药也有副作用，早期应用这类药会引起多尿、烦渴和贪食。此类药还抑制机体的天然免疫应答，当动物患有感染疾病时应慎用此类药。

七、非甾体抗炎药

非甾体抗炎药用于抗炎，不会产生类固醇类药物的副作用。常用的药物有对乙酰氨基酚、氟尼辛葡甲胺、酮洛芬和卡洛芬。

第十节　疫　　苗

当饲养犬、猫、雪貂、猪、羊和牛等大动物时，给予常见疾病的疫苗注射是常规预防措施。疫苗的规格和来源应列在采购订单里，需要时须追加疫苗注射。

很多疫苗是多价的，即一种疫苗可以针对几种疾病，比如，给犬一次注射疫苗可以同时抗犬瘟热、犬病毒性肝炎、钩端螺旋体病、犬副流感和犬细小病毒。犬和猫也常规注射狂犬病疫苗。

其他种属的常规疫苗包括：

绵羊/山羊：梭菌属（8种不同的菌属）、多杀巴斯德菌。

猪：支气管败血性博代菌、丹毒嗜血杆菌、多杀巴斯德菌、钩端螺旋体病。

牛：牛传染性鼻气管炎、牛病毒性腹泻、副流感病毒。

雪貂：犬瘟热、狂犬病。

药品说明书：治疗给药须仔细对照生产厂商推荐的剂量并有兽医开药处方。每次开药或准备给药时都应认真阅读药品说明书。记住如果用药过量会产生毒性作用，如果剂量不够则会无效甚至有害。如果不按此说明很可能会对研究者带来灾难性的后果，也可能导致死亡。

阅读药品说明书还应注意药品的有效期，过期药品必须废弃，至少应被隔离或单独保存。如无特殊情况，不能使用过期药物，尤其是麻醉镇痛药。

第十四章　麻醉与镇痛

动物试验中如果需要应用麻醉或镇痛药，兽医常常与研究者商议、最终由研究者做出决定使用哪种药物。参与手术或操作的技术人员也可参与药物的选择。因此，实验动物技术人员应熟知这些药物，并知道它们的适应证、副作用和动物对每一种药物的反应。

第一节　剂　量　计　算

准确计算注射用麻醉或镇痛药的剂量十分重要，即使微小误差也会导致动物感觉到疼痛，计算错误甚至导致动物死亡。很多药物有不同的工作浓度，仔细阅读药品说明书以确认使用的药物浓度。

不管是镇静、镇痛还是麻醉药，选择药物剂量首先要根据实验目的，然后是给药途径。注射用麻醉药静脉给药途径起效最快，但是维持药效时间也短。腹腔或肌内注射在吸收速度和效应时间上相似。镇静或镇痛可采用口服给药。大部分药物的剂量范围是一定的，高剂量一般是低剂量的 3 到 4 倍，对于动物个体来说，剂量选择要由兽医和技术人员根据动物的年龄、脂肪比率、品种或品系、健康状况作出判断。腹腔或肌内注射要根据动物种属通过大量的实验去摸索合适剂量。镇痛药的剂量选择更困难，一般通过动物行为来观察动物是否处于疼痛中或药物是否能缓解疼痛。作出判断时，假设引起动物的疼痛与人的反应是一致的。

所有种属动物的剂量以每千克体重多少毫克（mg/kg）计算。因为小鼠、幼年大鼠和较小体重的其他啮齿类动物，剂量单位改为 mg/g 才安全准确。对于大鼠、仓鼠和豚鼠，剂量单位可用 mg/100g 体重。

第二节　麻醉前用药

麻醉前经常给予镇静镇痛剂和抗胆碱能类药物，称为麻醉前用药。镇静剂可以减轻动物的恐惧，使动物安静易于固定。麻醉前用镇静和镇痛剂可以促进麻醉的效果。麻醉前的镇静剂还可以减少麻醉药的用量，增加安全性。抗胆碱能药如阿托品可以减少唾液和气管分泌物，防止麻醉时误吸。常用的麻醉前用药有：

一、阿托品

抗胆碱能药，可阻断乙酰胆碱。最常见的位点是眼的虹膜、分泌腺（唾液和气管的分泌腺）和心脏。阿托品可以防止唾液腺的过量分泌和上呼吸道分泌，也可引起心率增加和瞳孔扩张。

二、吩噻嗪类镇静剂

这类药有普马嗪、乙酰丙嗪、氯丙嗪和三氟丙嗪，乙酰丙嗪最常用，它们的作用类似，仅有细微的差别，可减少焦虑紧张，放松肌肉，使动物易于捕捉和固定。它们不是镇痛剂，此类镇静剂有成瘾性，当与麻醉剂联用时会引起更深的镇静作用。尽管吩噻嗪类可通过静脉或皮下注射，通常还是肌内注射给药，皮下注射 5~10 分钟可起全效。吩噻嗪类镇静剂可以使外周血管如腿足和耳血管扩张，小剂量的乙酰丙嗪可以使家兔安静，耳缘静脉扩张有利于针刺采血。

三、甲苯噻嗪

与大多数其他的镇静剂不同，甲苯噻嗪还是一种强效镇痛药。甲苯噻嗪减慢心率，降低血压，有心脏疾病的动物须慎用。甲苯噻嗪通常与注射用氯胺酮合用于短期手术，肌肉或皮下注射，剂量减少时也可静脉给药。当用于反刍动物（绵羊、山羊、牛、鹿等）时，甲苯噻嗪的剂量应大大减少，其在一只 4kg 猫的剂量效果相当于用于在一只 40kg 绵羊身上的药效。

第三节　注射用麻醉剂

一、戊巴比妥类

戊巴比妥类简便廉价，单一剂量就可引起相对持久的药效，因此广泛用于动物麻醉。当静脉注射戊巴比妥时，动物很快丧失意识，单次注射的麻醉效果变异很大，主要取决于给药途径，一般持续时间约半小时。

麻醉的深度与剂量相关，静脉给戊巴比妥的剂量要根据剂量表来计算。静脉穿刺后，药量的一半要快速注射，等动物的主要生命体征变平稳后再注入剩余药物，直到达到预期的麻醉效果。如果操作时间较长，可留置静脉导管随时追加剂量。

在啮齿类动物中，戊巴比妥常通过腹腔注射（IP）给药，这种途径药物的安全范围窄，药物引起的效应不可逆，也就是说，一旦给药便不能逆转药物的作用，只能等待动物肝的正常清除。如果过量，动物会因呼吸停止继而心脏停搏或死亡。

如果动物不是长时间处于深度麻醉和低体温的情况，戊巴比妥除麻醉作用外还有轻微的镇痛作用。在动物麻醉和恢复体温的过程中，需要精心的护理直到动物能运动自如。

二、硫喷妥钠

与戊巴比妥相似，同属于巴比妥类药物。静脉给硫喷妥钠时，麻醉效果可持续 15 分钟，1 小时后动物完全恢复。所以它适用于短时操作的诱导剂或吸入麻醉的诱导剂。追加注射巴比妥类药物可明显延长麻醉效果和恢复时间。通常预先将硫喷妥钠粉末称量好并灭菌，溶于无菌水，一般与水的比例为 1∶2。溶解好的药物可在冰箱里稳定保持 2~4 周，如果有沉淀应弃用。

三、异丙酚

与一般的麻醉剂不同，异丙酚是短效药。静脉给药时药物作用时间和持续时间与硫喷妥钠相差无几，但是动物恢复时间要快得多。追加异丙酚不能像硫喷妥钠和戊巴比妥那样能延长恢复时间。

四、三溴乙醇（阿佛丁）

阿佛丁是一种常用于转基因和基因敲除小鼠的麻醉药。转基因或是基因敲除过程中需要短时间内植入胚胎，阿佛丁在此过程中能充分发挥麻醉效果并不会延长恢复时间。

五、α-氯醛糖

通常用于研究动物的生理现象，对呼吸和心血管系统没有抑制作用。单次注射 α-氯醛糖可引起 8 小时的轻微麻醉效果。它常用于急性实验（通过麻醉使动物安乐死）。

六、乌拉坦（氨基甲酸乙酯）

与 α-氯醛糖相似，乌拉坦对呼吸循环系统的影响小，麻醉效果可持续 8~10 小时。有研究表明这种药有致癌作用，因此使用时必须谨慎（通风橱，适当的个人防护设备 PPE）。与 α-氯醛糖一样，乌拉坦的作用时间很长，可用于安乐死。

七、3-氨基苯甲酸乙酯甲基磺酸盐（MS-222，三卡因）

用于鱼类和两栖动物麻醉。通常是将动物放于 0.05%~0.5% 的药物稀释液中，放入新鲜的水中动物即恢复。

八、氯胺酮（克他命）

氯胺酮与本章提到的其他麻醉剂不同，它的麻醉效果是分离的，表现为全身僵直性昏厥、中度呼吸抑制、唾液腺分泌增多。另外，氯胺酮还有强心作用，能升高血压。常用 IM 或 SC 途径给药，IM 注射后 5 分钟便可引起全部效应，持续 30~60 分钟。麻醉后的行为改变如抑郁等可持续 24 小时。

除了引起肌肉僵直，单独应用氯胺酮有时可引起抽搐，为使肌肉放松防止痉挛，可与吩噻嗪类镇静药和甲苯噻嗪等镇静剂联用。甲苯噻嗪和氯胺酮的麻醉镇痛作用具有成瘾性，联用时应减少各自的药量以增加安全性。另外，联用甲苯噻嗪和氯胺酮，可消除甲苯噻嗪的降血压作用和氯胺酮的肌肉僵直作用。由于广泛的有效性和安全性，甲苯噻嗪/氯胺酮逐渐代替了巴比妥类，成为实验动物最常用的麻醉药之一。

第四节　吸入麻醉剂

吸入性麻醉剂又称挥发性麻醉剂或气体麻醉剂，了解各种吸入性麻醉剂差异的关键在于了解其蒸汽压和组织溶解性。蒸汽压是衡量挥发性的指标，在一定的温度下蒸汽压越大，液体物质越容易转变成气体。如果将两种不同的气体麻醉剂 A 和 B 倒在桌子上，而 A 的蒸汽压更大，那么 A 就会比 B 挥发的快。

组织的溶解性很难与日常的生活联系起来。任何药物要起作用必须在脑中达到一定的浓度。如果药物在很多组织中溶解度高，相应的在大脑中的浓度也升高。另一方面如果药物溶解度小，仅需少量药物浸入组织就可达到麻醉水平，这意味着吸入麻醉剂在组织的溶解度越大，达到麻醉浓度所需的时间就越长。当停止给药时机体清除药物所需的时间也越长。因此，高溶解度的吸入麻醉剂麻醉诱导慢，机体的恢复也慢。低溶解度的麻醉剂麻醉诱导快机体恢复也快。

使用吸入性麻醉剂时要注意采取适当的保护措施，比如使用通风橱或与麻醉机相连的其他排气系统。

一、乙醚

乙醚很早就用于吸入麻醉剂，尽管乙醚有危险，但至今有些实验室还在应用。乙醚易燃易爆，容器打开时很难防止其泄漏，重新封装的乙醚容器为防止其爆炸应将其保存在特殊的冰箱里。乙醚的组织溶解度大，麻醉诱导慢，恢复也慢。但是乙醚能使肌肉松弛有镇痛作用，由于乙醚的易燃性，低毒的挥发性麻醉剂已经渐渐代替了乙醚。

二、氟烷

动物医学中最常用的一种吸入性麻醉剂。氟烷的组织溶解度小，麻醉诱导快，麻醉深度改变快，恢复也快。氟烷的蒸汽压高，浓度高时很危险，因此最好在麻醉机上安装标有刻度的雾化器。氟烷可用于短时操作（剪尾、眼眶采血）麻醉小的啮齿类动物，使用时在广口瓶中将少量麻醉药滴在纱布或棉球上，当动物丧失意识就将其从容器中取出，因为容器中药物浓度高，耽搁数秒钟也会导致动物死亡。将动物放入含麻醉剂的容器时必须小心谨慎，防止动物直接接触药物。如果这些药物溅入眼中或其他的黏膜会引起刺激性反应。

三、异氟烷

异氟烷的性质和使用与其他氟烷相似，但是更易挥发。异氟烷的麻醉诱导和恢复都很快。相比于其他氟烷，异氟烷不会引起心脏异常。

四、一氧化二氮

一氧化二氮不能引起大部分动物完全麻醉，因此须与其他麻醉剂合用，通常与氟烷联用。一氧化二氮产生于密封加压的类似于氧气罐的容器中，此气罐和所有相关的橡皮管都应标上蓝色标记（氧气罐是绿色），并且应有标有蓝色标记的流量表。与氧气不同，加压时一氧化二氮变为液体，当气态的一氧化二氮从储气罐中排除时，下面的液体又蒸发。只要有液体，储气罐的压力就会保持在一定水平，当所有的液体蒸发完，压力迅速降低，因此储气罐的压力并不代表有多少一氧化二氮，但是一氧化二氮的含量可以通过称量确定。一氧化二氮的应用并不广泛，它主要用于镇痛和肌肉松弛，联合用药时可减少氟烷的浓度。

第五节　吸入麻醉系统

吸入麻醉剂的用量可根据麻醉水平的变化迅速改变，因此其应用灵活广泛。这些药物在室温下是能挥发出气体的液态，气体通过肺进入循环系统，在中枢神经系统发挥作用。吸入性麻醉剂不像注射用麻醉剂能通过肝肾代谢，它是通过肺代谢。如果给动物使用麻醉机时，可以很容易地通过改变麻醉剂的量来调节麻醉的深度。

要保证吸入性麻醉剂的安全和有效，须满足很多的要求。进入肺内的气体要有足够的浓度才能产生预期的麻醉效果，另外，要保证足够的氧气维持动物的代谢需要，同时要保证二氧化碳从肺内呼出。为避免对实验人员造成伤害，挥发性气体必须有严格的排出措施。目前有几种吸入性麻醉剂的给药系统。

一、密闭和开放点滴装置

最简单的给药装置是密闭的玻璃或塑料柜，将啮齿类动物或是其他小动物放入其中。该装置包含一有孔的活塞来放置浸有麻醉药的棉花，透过玻璃可以看到麻醉的进程，一旦麻醉适当，将动物从密闭容器中移出。使用开放点滴法，固定动物口鼻，一次滴几滴液体麻醉剂在动物口鼻上方的圆锥形容器内，此容器一般由塑料杯或注射器制成，内有吸收麻醉剂的棉花，同时有足够的渗透性允许动物呼吸自如。整个过程应在通风橱内进行。对于猫和其他体重小于5kg难以固定进行静脉注射的动物，密闭容器可用来进行初始麻醉诱导，大动物于密闭容器中麻醉后，插入气管导管并转入下面描述的装置。

二、再吸入装置

目前有很多的再呼吸装置用于不同大小的动物和不同的麻醉剂。其中一种再呼吸装置有软管组成的环路，动物通过此环路再吸入它们呼出的一部分气体。此装置有很多重要的组成部分，技术人员必须掌握才能安全有效的使用此系统。

1. 蒸发器　蒸发器把液态麻醉剂转变成气体，可以控制动物吸入的挥发性麻醉剂的百分比，也就是通过调节蒸发器来产生浓度不同的气体麻醉剂。大部分的蒸发器仅能定量产生传送一种类型麻醉剂，因此，蒸发器仅能用于设计好的某种麻醉剂。

2. 碱石灰筒　为防止动物呼出的二氧化碳（CO_2）再被吸入，呼出的气体经过盛有医用碱石灰或氢氧化钡的装置来清除 CO_2。当它的吸收能力减少时，化学指示剂变为蓝色，这是因为碱石灰中的氢氧根逐渐被中和导致 pH 降低造成的。一旦变为蓝色，碱石灰就应该更换。如果麻醉装置频繁使用，石灰筒在使用期间应该及时清理以减少腐蚀。密封石灰筒的垫圈也应及时更换，在重新填充石灰筒后都应常规检查垫圈是否漏气。

3. 压缩氧气　氧气放置在各种大小的金属罐里。氧气罐、胶皮管和所有的固定装置都用绿色标记以区分其他气体（一氧化二氮用蓝色）。氧气罐与测压计相连，压力显示的是氧气的剩余量。流量器控制进入装置的氧气量，流量器显示每分钟多少升（LPM）。

4. 管道系统　整个装置的组成部分通过橡胶管或塑料管连接形成一个呼吸环路。气管导管呈 Y 字形，Y 字的一个分支作为吸入端，另一分支作为呼出端，回路每一侧的止回阀控制气体单向流出，保证动物吸入充足的氧气并清除呼出的 CO_2。

5. 呼吸袋　呼吸回路里放置一个呼吸袋来调节每次呼吸的体积改变。呼吸袋也用作正压通气（使气体进入肺），如果动物停止呼吸可手动挤压呼吸袋进行复苏。袋子容积约是动物潮气量的6倍。潮气量是肺每次呼吸的气体量，在大多数动物中是 15 ~ 20ml/kg。

6. 安全阀　从装置中释放清除多余的气体。通常情况下为防止呼吸袋缩小，安全阀应设在最小值。用正压通气设备时安全阀必须拧紧以免气体泄漏。如果有压力计，压力计也可用于设置安全阀。

7. 排气系统　所有的吸入麻醉装置都应有排气系统来清除废弃的麻醉剂（WAG）。最好的排气系统能直接将 WAG 耗尽而不会将其排出至外环境。排气系统应该连于安全阀以便能持续不断地清除麻醉环路中的泄漏气体。WAG 最重要的来源是气管内导管附近的外漏、机器的泄漏和填充蒸发器时的溢出。通过使用大小合适的导管和恰当膨胀气囊可避免气管内导管的外漏。每隔一段时间用肥皂水来检测和避免仪器泄漏。恢复的动物会呼出 WAG。如果可能，动物应一直保持与麻醉机相连直到拔管。拔管后要将恢复的动物单独置于通风的环境。大部分的 WAG 要比空气的密度大，因此，天花板上的排风扇不能将其移除。

三、非呼吸装置

常规麻醉机呼吸环路里的气体量对于不到 5kg 重的动物来说很大，因为动物的潮气量太小，管道中的阻力太大而不能使气体穿过完整的环路。几种麻醉设备能满足这些小动物的麻醉需要，当动物呼气时麻醉气体随着动物呼出的气体释放出来或是进入排气系统，因此没有必要安装 CO_2 吸收装置并且没有气体的再循环发生。大部分装置包含呼吸袋，在某种程度上是复苏的需要。艾尔斯 T 形管、Norman 面罩和贝恩呼吸环路都是目前可购买的非呼吸装置。

四、气管导管或面罩

除小型啮齿类动物使用的面罩，麻醉机的应用常须插入导管，即橡胶或是塑料制作的气管内导管要插入动物的气管，导管的气囊要膨胀贴紧气管并防止气体的泄漏。

气管插管需要动物处于麻醉状态，麻醉剂通常用小剂量的巴比妥类或其他的注射用麻醉剂，这是麻醉的诱导过程。诱导时可将动物放入密闭器中或在其面部放置麻醉面罩，直到麻醉适度将导管插入。不用气管内插管动物也可被气体麻醉剂麻醉，通过放置口鼻面罩输送气体麻醉剂。

第六节　全身麻醉监测

监测麻醉过程需要熟悉呼吸循环的正常生理参数和合理解释这些参数发生变化的能力。麻醉师要记住每只动物都是不同的，评估生理参数时必须包括所有的参数。

一、呼吸形式

呼吸深度是动物胸腔扩张和收缩的程度，呼吸特性包括两个参数指标，第一个是呼吸频率即动物每分钟呼吸的次数，第二个是呼吸的起始部位，即动物开始呼吸时身体最先运动的位点。在正常清醒的动物中，呼吸的起始部位一般是在胸部的中间（胸式呼吸）。随着动物的麻醉程度越来越深，起始部位向尾部移动，先在胸腔下端（胸腹呼吸），后移向腹部肌肉（腹式呼吸）。胸式呼吸是麻醉早期阶段的主要特征，腹式呼吸是深部麻醉的呼吸形式。外科麻醉时的呼吸特征是一系列规则的胸腹呼吸。动物连在麻醉机上，麻醉师可通过观察阀门和呼吸袋来监测呼吸变化。

监测小鼠的呼吸需要认真观察，小鼠的呼吸频率可超过每分钟 200 次。

二、黏膜颜色

如果麻醉动物接受足够的氧气，它的黏膜保持红润。黏膜颜色可通过观察眼结膜、口唇、牙龈颜色。在白化病的动物中，可观察耳朵和足趾。若黏膜发绀，说明动物没有得到足够的氧气。

三、毛细血管再充盈时间

毛细血管再充盈是指在动物的毛细血管压为零或是低灌注时，血液再灌注（机体恢复红润）所需的时间。比如，指压动物的牙龈，松开手指后牙龈恢复红色所需的时间说明心脏输出功能的好坏。大部分实验动物正常的毛细血管再充盈时间少于两秒，如果超过两秒说明心脏输出受抑制。应该在正常和麻醉的动物中反复监测这个参数，从而评价动物的麻醉情况。

四、脉搏

大部分动物的心率可通过触诊其后肢的股动脉获得，羊和猪这样的大动物中也可触诊其下颌动脉和趾间动脉，小型啮齿类动物可直接触诊其心脏，通过脉搏的强度和特征评估动物的心血管系统。随着麻醉动物的呼吸，监测装置可以持续的监测动物的脉搏。

五、血压

持续的血压监测为监测动物的心脏输出提供了额外的信息。血压可通过超声多普勒血流探测器来监测，此装置通常将袖带放在动物尾巴或腿周围，袖带连接至监测装置。

六、体温

外科麻醉导致动物的体温降低。体温越低，动物代谢药物的能力越低，降低动物的体温能延长麻醉进程。在麻醉和恢复过程中应该经常监测动物的体温。

七、眼睛

瞳孔大小也是观察麻醉深度的一个指标，但是并不十分精确，尤其是对麻醉前给了阿托品的动物。对眼睛的观察最常使用眼睑反射，眼睑反射是通过轻触动物的眼角或睫毛，轻度麻醉的动物会眨眼，深度麻醉的动物没有此反射。角膜反射是用小棉签轻触动物的角膜，此反射可在眼睑反射消失后持续存在。

八、条件反射

足反射有时也称压趾反射，也能检测麻醉深度。检查时挤压动物的足趾或是趾间的趾蹼，动物的足伸开或是腿部的肌肉弯曲即为阳性反应。与眼睑反射不同，足反射是正常生理反射，在麻醉动物中不存在。

喉头反射又叫咳嗽反射，刺激动物的喉头时发生。除应用氯胺酮外，外科麻醉过程中此反射不常出现，它通常作为动物从麻醉中恢复需移出气管内导管的指征。

第七节　神经肌肉阻断剂

神经肌肉阻断剂常与麻醉剂合用于不需要肌肉运动的实验中，如关于眼睛的研究中。这类药物常称为麻痹药。

神经肌肉阻断剂不是麻醉剂，它们只是引起自主骨骼肌的麻痹，高剂量时可引起呼吸肌麻痹。单独应用时，被麻痹动物的意识完全清醒，痛觉存在，因此，动物外科手术或实验操作应用神经肌肉阻断剂时，必须使用有效的麻醉剂。神经肌肉阻断剂能使动物丧失肌肉反射但是必须采用其他的参数比如心率、呼吸频率和血压来监测动物的体征。另外由于此类药代谢相对较快，正压通气装置的留置能保持动物的清醒，并解除药物毒性促进动物恢复。常用的神经肌肉阻断剂有加拉明、库溴铵和琥珀酰胆碱。

第八节　镇　痛　药

应用于实验动物的镇痛药分为两类：阿片类和非甾体抗炎药。

一、阿片类

阿片类包括常见的麻醉毒品，因来源于鸦片而得名，它们与中枢神经系统中特殊的受体作用产生镇痛效果。吗啡是该组药的代表，是强效的镇静镇痛剂，能明显抑制呼吸中枢，也能抑制心脏功能。频繁给犬应用吗啡会导致犬呕吐和排便。对犬产生镇静作用的吗啡剂量应用于猫和小鼠时会引起猫和小鼠震颤和抽搐，因此禁止将吗啡应用于这些动物。

其他的阿片类药物、吗啡的衍生物、人工合成的没有吗啡副作用的药物有：哌替啶（杜冷丁）有好的镇痛效果，但是不像吗啡有强效的镇静作用，也较少引起呕吐和排便。对呼吸的抑制作用较小，也没有抑制心脏的作用。丁丙诺啡是一种广泛应用于实验动物的阿片类药物，对多种种属的动物都安全有效。芬太尼是唯一的阿片类贴剂，粘贴在皮肤上逐渐被吸收，阿片类有特异的拮抗剂能逆转它们的作用，纳洛芬和纳洛酮就是典型的拮抗剂。

二、非甾体抗炎药（NSAIDs）

NSAIDs 不是受控药，使用记录不像阿片类那么严格，不会引起中枢神经系统尤其是脑的抑制，能够用于研究脑的实验。两个经典的 NSAIDs 是阿司匹林和对乙酰氨基酚，但是这两种药物在实验动物的应用有一定局限性。氟尼辛、酮洛芬和卡洛芬对动物有持续镇痛作用。

第九节 术后麻醉恢复和紧急护理

紧急情况尤其是术后恢复处理很重要，技术人员和管理者必须能识别和预防紧急情况，尤其是麻醉和术后。

一、需要立即护理的情况

如果有完善的操作规程和训练有素的实验室人员，紧急情况很少发生。技术人员要准备好处理以下所有的可能：呼吸系统的问题、心脏骤停、大量出血、休克。

二、急救设备和药物

处理紧急情况要及时，要提前准备必要设备和药物，包括装备紧急物品的药箱、托盘、推车或急救车。下面列举的设备和用品是急救车的一部分：绷带、胶布、2.5～7.5厘米宽的纱布、各种型号的气管内导管、各种型号的皮下注射器和针头、静脉内导管、呼吸器（机械的/人工的）、橡胶手套、听诊器、温度计、无菌手术包。

如果兽医需要处理紧急状况下的动物，下面列出的急救药物和溶液是很有用的：硫酸阿托品、葡萄糖酸钙（10%注射液）、地塞米松、盐酸多沙普仑、盐酸肾上腺素、肝素、乳酸林格液、戊巴比妥钠、碳酸氢钠（1.5%）、生理盐水、异丙肾上腺素。

药品的用量和说明应写在索引卡上并与药品放在一起，定期更新库存，更换过期药物。兽医和技术人员应根据实验室的需要修改清单并将这些物品保存于方便易取的地方。另外，每个实验室应建立一套急救标准或操作规程，所有的兽医和技术人员可以很方便地取得这些操作规程和标准。

一旦紧急情况得到控制，管理者应该与所有的技术人员和兽医一起讨论发生的一切。经过这些事情，技术人员能更好地了解掌握动物房存在的问题，要表扬那些报告问题和参与急救动物的技术人员。技术人员和管理者要与兽医合作，不断完善报告和监测程序，使报告程序更有效。

在技术人员的负责下定期组织讨论、技能培训和定期检查动物，提高报告和监测疾病的效率，整个系统越有效，重大问题发生的概率就越小。

延伸阅读

1. 贺争鸣，李根平，李冠民，等．实验动物福利与动物实验科学．北京：科学出版社，2011.

2. 王禄增，王捷，于海英．动物暨实验动物福利学法规进展．沈阳：辽宁民族出版社，2004.

3. 秦川 . 医学实验动物学（第二版）. 北京：人民卫生出版社，2014.

4. 刘恩岐 . 人类疾病动物模型（第二版）. 北京：人民卫生出版社，2014.

5. 李幼平 . 医学实验技术的原理与选择（第二版）. 北京：人民卫生出版社，2014.

6. 袁伯俊，廖明阳，李波 . 药物毒理学实验方法与技术 . 北京：化学工业出版社，2007.

7. 王军志 . 生物技术药物安全性评价 . 北京：人民卫生出版社，2008.

8. 卢静 . 实验动物寄生虫学 . 北京：中国农业大学出版社，2010.

9. P. Timothy Lawson. Laboratory Animal Technician Training Manual，American Association for Laboratory Animal Science，2004.

第 四 篇
动物种类特异信息

第十五章　常用实验动物的解剖学特征

本章主要介绍常用实验动物的解剖学特征，重点阐述实验动物独特的解剖学特点。掌握解剖学特征对于从事动物研究的生物医学研究者非常重要。

第一节　小鼠的解剖学特征

小鼠是目前生物医学领域研究最详尽、用量最大、用途最广、品种/品系最丰富的哺乳类实验动物，也是基因修饰动物应用最多的物种。与大多数哺乳动物一样，小鼠心跳频率高（300次/分）、呼吸频率快（100次/分）。小鼠全身骨骼包括头骨、椎骨、胸骨、肋骨和四肢骨。上下颌骨各有2个门齿和6个臼齿，门齿终身不断生长，故需经常磨损来维持齿端的长度，保持恒定。与其他的实验动物相比，小鼠在骨骼发育上具有独特的特征：软骨（位于肋骨和胸骨之间）经常发生钙化；大多数小鼠骨髓为红骨髓，终生保持造血功能（在大多数成年哺乳动物，具有造血功能的红骨髓会被脂肪所替代而转化为黄骨髓）。

小鼠消化道及其附属器官与非啮齿类动物不同，例如：小鼠食管缺乏其他实验动物常见的黏液分泌腺体，呈鳞状扁平上皮，接近胃部的下段食管与上段相比褶皱更少。胃分为前胃和腺胃，前胃指呈鳞状上皮的食管，腺胃的结构与其他的实验动物相似。小鼠胃容量很小，只有1.0~1.5ml。小鼠胰腺不是一个独立的腺体，而是弥散性腺体，分散在肠系膜周围的叶状组织中，因此很难辨识。胰腺有一个胰管直接通向十二指肠。小鼠结肠缺乏家兔所具有的、显而易见的小囊或结肠韧带。与家兔、豚鼠等草食性动物相比，小鼠肠道较短，盲肠不发达。小鼠肝由四叶组成，分别为较大的中间叶、左右两叶以及最左的尾叶；胆囊位于肝最左的尾叶或者中间叶的后部表面。

小鼠乳腺发达，有5对乳头，3对在胸部，2对在腹部。小鼠乳腺组织遍布背部和肩部，因此小鼠乳腺肿瘤经常发生在远离乳腺的区域。雌性小鼠为双子宫、呈"Y"。卵巢有系膜包绕，不与腹腔相通。雄性小鼠为双睾丸，幼年时藏于腹腔内，性成熟后则下降到阴囊。小鼠前列腺分背、腹两叶。

小鼠其他解剖学特征：雄性小鼠的脾要比雌鼠的大50%，开展脾相关研究和器官称重时需特别注意；小鼠胸腺由两个大小不等、薄的、叶状组织组成，其他多数动物的胸腺相对厚一些。

　　小鼠其他的特殊结构：小鼠有与眼睛相关的两组腺体，一组是哈氏腺，位于眼睛后部，部分围绕在视觉神经周围。这些腺体分泌油状物质到瞬膜表面，起到润滑作用；另外，小鼠还有两对泪腺，一对位于耳朵前部，另一对位于眼角侧面。小鼠身体许多部位可以储存脂肪组织，比如肩胛间、子宫、肾和胸腺周围。

第二节　大鼠的解剖学特征

　　大鼠是最常用实验动物之一，其用量仅次于小鼠，广泛应用于生物医学研究中各个领域。大鼠全身骨骼包括头骨、椎骨、胸骨、肋骨和前后肢骨。大鼠上下颌各有 2 个门齿和 6 个臼齿。门齿终身不断生长，故需经常磨损以维持其恒定，磨牙的解剖形态与人类相似。成年大鼠中，红骨髓会被脂肪所替代而转化为黄骨髓。

　　大鼠胃、肠的结构与小鼠类似，但大鼠胰腺分布于肠的中间部位，这种胰腺的散在分布远远大于其他的实验动物（如犬或猫）。大鼠胰腺的许多管道直接为十二指肠提供胰酶。大鼠肝也分四叶，但是它们排布不同于小鼠：大鼠肝右叶有前后两小叶，一个大的左叶和一个小的尾叶。大鼠一个重要的解剖学特点是没有胆囊，这个特点与马相似，由于缺乏胆囊无法储存胆汁，胆汁会持续进入十二指肠。

　　雌性大鼠子宫为"Y"型双子宫，每部分均与子宫颈相连，有 4～6 对乳头，位于胸部和腹股沟部位。大鼠乳房组织也可延伸到背部，但多数大鼠乳房肿瘤发生在腹部。雄性大鼠有许多成对的附属性腺：两对前列腺、一对精囊腺、一对凝固腺和一对壶腹腺，还有一对尿道球腺，位于骨盆区域的末梢，靠近阴茎。与其他啮齿类动物一样，大鼠的腹股沟管终生保持开放，睾丸与腹股沟相连。啮齿类动物进行去势手术时需要十分小心，当拉动睾丸的时候，拉力太大可能导致肠从腹股沟管道被拉出。性成熟的雌性大鼠的脑垂体和肾上腺均比雄性大鼠要大。

　　大鼠有哈氏腺（Harderian），位于眼睛后方，分泌的液体包含红色的卟啉类物质。在处于压力状态下，或当受免疫抑制剂作用或发生病毒感染时，大鼠眼睛里会储存许多卟啉类物质。

第三节　地鼠的解剖学特征

　　地鼠又称仓鼠，是一种小型啮齿类动物，广泛分布于欧亚大陆的许多地区。作为实验动物用的地鼠主要有两种：金黄地鼠（又名叙利亚地鼠）和中国地鼠（又名黑线仓鼠）。生物医学研究中 80% 以上使用的地鼠是金黄地鼠。

　　由于金黄地鼠门齿终生生长，且口腔两侧各有一个很深的颊囊，不仅可以储备食物和搬运筑巢材料，而且利用颊囊观察对致癌物的反应比较方便，肿瘤组织接种于颊囊中也易于生长，金黄地鼠对诱发肿瘤病毒也很易感，还能成功移植某些同源正常组织或肿瘤组织细胞等。

金黄地鼠的消化道与其他啮齿类动物不同：食管中有个小囊，称为支囊，食物经支囊到达胃。支囊是食物进入胃之前的一个发酵场所，支囊没有腺体，它与胃的腺体部分是分开的。胃由前胃和腺胃两个部分组成。地鼠的肝分为四个主要的小叶，左右背外侧的小叶、腹部小叶、背部小叶。胰腺与大鼠类似，分布比较广泛。

雄性地鼠附属性腺与大鼠相同。与其他啮齿类雄性动物一样，地鼠腹股沟管道与腹腔相通。雌性地鼠的子宫有两部分，每个喇叭状子宫都通过子宫颈直接与迷走神经相连。雄性地鼠的肾上腺比雌性地鼠的要大，而脾却小。

金黄地鼠有脂肪腺，位于肋骨的后面，这些小的腺体通常被金黄地鼠的毛发所遮盖。金黄地鼠通过分泌这些腺体物质来区分它们的领地范围，这些分泌物在它们寻求配偶时也起到了重要作用。与雌性地鼠相比，这些腺体的作用在雄性地鼠中更为突出。地鼠与大鼠和小鼠一样，眼后部位有泪腺。

第四节 豚鼠的解剖学特征

豚鼠是啮齿类家族的另一个成员，妊娠期长，新鼠出生后已具有牙齿、眼睁开、全身覆有被毛并且能够行走，产后数小时就能够吃东西和饮水。豚鼠全身骨骼由头骨、躯干骨和四肢骨组成。门齿呈弓形，深入颌部，咀嚼面锐利，终生生长。

豚鼠胃壁非常薄，黏膜呈襞状，胃容量为 20～30ml。肠管较长，约为体长的 10 倍。消化道扩大到盲肠，是典型的盲肠发酵，对于啮齿类动物来说，盲肠是消化道末端的重要组成部分，约占整个腹腔的三分之一，盲肠呈字母 C 型并且向左弯曲，末端是阑尾。豚鼠的肝是两叶状，仅有左叶和右叶两叶，右叶分为三个小叶，胆囊位于第二个或中间小叶。胰腺相对来说比较大，胰腺与十二指肠的底部相连。

雌雄豚鼠腹部有 1 对乳腺，但雌性乳头比较细长，位于腺体上面。所有雌性豚鼠都有完整的阴道闭合膜，发情期张开，非发情期闭合。雄性豚鼠有位于两侧突起的阴囊，内含睾丸，出生后睾丸并不下降到阴囊，但通过腹壁可以触摸到。雌性豚鼠有两个子宫角和一个子宫颈，雌性豚鼠的最大的解剖特点是它的骨盆适应于体积较大的新生鼠的分娩。在雌性豚鼠妊娠晚期，受雌激素释放的影响，骨的愈合分开，在分娩的时候空隙大概有 22mm。若雌性豚鼠在 6 月龄前无生育，则骨盆腔将硬化造成难产。

豚鼠有两个大的肾上腺，位于肾的前部边缘，形状不同，左侧肾上腺是垂直的延长，而右侧肾上腺是呈扁平状。在雌激素刺激下，妊娠期豚鼠血液中会发现一种特别的、含有胞质包涵体的单核细胞。

第五节　家兔的解剖学特征

家兔全身共 275 块骨骼，由头骨、椎骨、肋骨、胸骨和前后肢骨组成。家兔的骨骼重量仅占体重 8%，而猫的骨骼重量占体重的 13%。由于家兔骨骼较轻，背部非常脆弱，抓家兔时如果力量过大容易导致其脊柱断裂。家兔有发达的门齿，宽大的臼齿，上颌除一对大门齿外，其后还有一对小门齿，无犬齿。家兔的口腔有独特的特点：上唇有裂口，舌头整个表面都分布着乳头状突起。

家兔是单室胃，横位于腹腔前部，容积较大。家兔有非常明显的淋巴结，盲肠和回肠的连接处呈囊状结构。肠道约为体长的 10 倍，盲肠呈蜗牛状，非常大，长度与体长相近，里面繁殖着大量细菌和原生动物。在回肠和盲肠相接处膨大形成一个厚壁的圆囊，这就是家兔特有的圆小囊。囊内充满淋巴组织，其黏膜可不断地分泌碱性液体，中和盲肠中微生物、分解纤维素所产生的各种有机酸，有利于消化吸收。家兔的肝有 4 个小叶，分别为左右前叶和左右后叶，胆囊在右前叶的背部表面。胰腺散在十二指肠"U"型弯曲部的肠系膜上，浅粉红色，其颜色质地均似脂肪，为分散而不规则的脂肪状腺体，胰导管开口远离胆管开口，这是家兔的又一大特点。家兔有 4 对唾液腺，分为腮腺、颌下腺、舌下腺和眶下腺，哺乳动物一般不具有眶下腺，眶下腺是家兔的一个特点，其中最大的腺体是腮腺。

家兔有 4～5 对乳腺，2 对位于胸部，另外 2～3 对位于腹部。雄性家兔有 4 种附属性腺：前列腺、精囊、尿道球腺和壶腹状腺体，无阴茎。雄性家兔的腹股沟管宽、短，终生不封闭，睾丸可以自由下降到阴囊或缩回腹腔。雌性家兔有两个完全分离的子宫，为双子宫类型。左右子宫不分子宫体和子宫角，两个子宫颈分别开口于单一的阴道。

家兔眼睛有明显的瞬膜，可以减缓血液的流速。家兔耳郭大，有非常灵敏的听力。因为耳朵的血管比较丰富，能散发体内的热量，故具有热量调节的功能。

家兔胸腔构造与其他动物不同：胸腔中央有纵隔将胸腔分为互不相通的左右两半，心脏被心包胸膜隔开，当开胸后打开心包暴露心脏进行实验操作时，只要不弄破纵隔，动物不需做人工呼吸。

第六节　猫的解剖学特征

猫是肉食性动物，具有独特的解剖学和生理学特点。与兔子类似，猫的眼睛里也有瞬膜。

猫的消化系统具有典型的肉食动物特点：单胃，肠的结构与食草动物相比较短，盲肠小，肠壁较厚。猫的肝有 5 叶：左中、左后、右中、右后和后叶。猫的胰腺有 2 个小叶，一个与胆汁相通，另一个与空肠相通。大网膜非常发达，连着胃、肠、脾、胰，起固定作用和保护作用。猫没有阑尾，结肠没有形成结肠袋。猫直肠末端是肛门。扁桃体位于背部味觉的一边，与大多数哺乳动物类似，猫有腮腺、颌下腺、舌下腺和唾液腺。另外，猫也有两个特有的部分：磨牙和眶下腺。

猫的肾为蚕豆状，肾囊相对较厚。大多数哺乳动物的肾呈红褐色，而猫的肾呈微黄色，这是由于猫的肾脂肪含量较高造成的。

雌性猫有 4~5 对乳腺，最大乳腺位于腹部。雄性猫有阴囊和睾丸，有一个短而表面粗糙的阴茎。雄性猫性腺仅有前列腺和尿道球腺。雌性猫有双子宫：两个子宫角、一个子宫颈和一个子宫体。

第七节　犬的解剖学特征

犬是肉食动物，全身骨骼包括头骨、椎骨、胸骨、肋骨、前后肢骨及阴茎骨。阴茎骨是犬科动物特有的骨结构。犬的牙齿具备肉食目动物的特点：犬齿、臼齿发达，撕咬力强，咀嚼力差。

犬具有典型肉食动物的消化系统：胃较大，肠道相对比较短，仅为体长的 3~4 倍。扁桃体位于咽的后部，盲肠较小且不对称，没有袋状的结肠结构，直肠末端有肛门。肝有 5叶：左后、左中、右后、右中和尾叶。胰腺是 V 形的结构并且有管道，与猫类似。犬科动物脾脏形状各异、位置不固定，一般情况下，脾位于胃下面或者接近左侧肾的侧面，末端大于前端。

雌犬有 4~5 对乳腺，最大乳腺位于腹部。雄犬睾丸包含于阴囊内，不与腹腔连接。阴茎长，前列腺相对较大、并且是二裂片。雌犬为双角子宫：双角子宫和一个子宫颈，两侧卵巢完全包围在浆液性囊内，此囊直接与短小的输卵管相通。

延伸阅读

1. 秦川. 医学实验动物学（第二版）. 北京：人民卫生出版社，2014.

2. 杨安峰，程红，姚锦仙. 脊椎动物比较解剖学（第二版）. 北京：北京大学出版社，2008.

3. 刘恩岐，尹海林，顾为望. 医学实验动物学. 北京：科学出版社，2008.

4. P. Timothy Lawson. Laboratory Animal Technician Training Manual，American Association for Laboratory Animal Science，2004.

第 五 篇
实验动物和动物实验设计

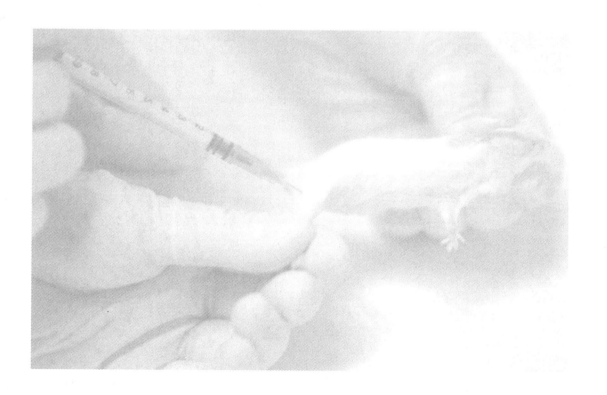

第十六章 实验动物和动物实验设计

第一节 模式生物、动物模型及人类疾病动物模型的概述

一、模式生物

模式生物是被选定用于揭示普遍生命现象的特定生物物种，通过研究模式生物可以获知生物界的普遍规律。噬菌体、大肠埃希菌、酿酒酵母、拟南芥、水稻、秀丽隐杆线虫、海胆、果蝇、斑马鱼、爪蟾、小鼠等是常用的模式生物。由于模式生物与人类生命活动具有高度的相似性以及分子操作的简便性，对模式生物和它们基因组研究已经成为人类基因组研究的重要组成部分。近年来许多模式生物已经完成了基因组测序，人们利用模式生物获得了凋亡、RNA 干扰等重大科学发现。

二、动物模型

动物模型是运用某种动物建立的实验体系，广义的动物模型是指可用于研究正常生物学行为、自发或诱发的病理过程、在某一方面或几个方面与人类或其他动物同类现象相似的活的生物体。狭义的动物模型通常指人类疾病动物模型，即生物医学研究中为了避免人类伤害而使用的具有人类疾病模拟表现的动物实验对象。自 20 世纪 60 年代人们提出动物模型概念，经历几十年的发展，现已累积了数以千计的动物模型，并按照以下方式进行分类。

（一）按产生原因分类

1. 诱发性动物模型（induced animal model）

又称为实验性动物模型，是指研究者通过使用物理的、化学的、生物的或复合的致病因素作用于动物，造成动物组织、器官或全身一定的改变，出现某些类似人类疾病的功能、代谢或形态结构方面的病变，即为人工诱发出特定的疾病动物模型。如结扎冠状动脉制作心肌梗死模型、使用化学致癌物亚硝胺类诱发肿瘤模型、以病毒感染复制心肌炎模型等。随着分子生物学和胚胎学等学科的发展，人们可以根据自己的愿望改造动物的基因，转基因动物和基因敲除动物的育成形成了新的诱发动物模型，人们可以更方便地利用实验动物研究基因功能。以上几种方法还可以联合使用制作疾病模型，如敲除某影响血压的基因后

再给予高脂饮食，研究高血压等复杂疾病。

2. 自发性动物模型（spontaneous animal model）

指实验动物不经任何人工处置，在自然条件下自发产生异常表现并通过遗传育种手段保留下来的动物模型，多为近交系的肿瘤模型和突变系的遗传疾病模型，如自发性高血压大鼠、非肥胖糖尿病小鼠等。自发性动物模型与人类相应的疾病很相似，是良好的疾病研究模型。

3. 抗疾病型动物模型（negative animal model）

是指特定的疾病不会在某种动物身上发生，从而可以用来探讨为何这种动物对该疾病有天然的抵抗力，如东方田鼠不感染血吸虫病，可用于血吸虫病的感染和抗病机制的研究。

4. 生物医学动物模型（biomedical animal model）

指利用健康动物生物学特征来提供人类疾病相似表现的疾病模型。地中海贫血患者的红细胞失去双面凹的圆饼状，呈现镰刀形，而鹿的正常红细胞是镰刀形的，因而可以成为研究地中海贫血的模型，但这类动物模型与人类疾病存在着一定的差异，研究人员应加以分析比较。

5. 罕见疾病模型（orphan disease model）

某些动物会发生特殊疾病，例如羊慢性进行性肺炎、猫白血病等，暂时没有发现人类会发生类似的疾病，研究这些动物疾病可以为人类未来发生类似疾病时积累参考资料，这类动物模型称为罕见疾病模型。

（二）按系统范围分类

1. 基本病理过程动物模型

发热、电解质紊乱、弥散性血管内凝血等是许多疾病共同的病理变化过程。基本病理过程动物模型是研究疾病机制和药物评价的良好模型，如给实验动物注射内毒素、异体蛋白可以制作发热模型，进行体温调节研究和退热药物的筛选。

2. 各系统疾病动物模型

各系统疾病动物模型是指患有与人类各系统疾病相对应疾病的动物模型，如呼吸系统疾病模型、循环系统疾病模型等。实际应用中，通常根据和人类病种的对应程度具体到某种特定疾病的动物模型，如对应人类的慢性阻塞性肺疾病有慢性阻塞性肺疾病动物模型。系统疾病动物模型还可按科别分类，如传染病、外科疾病、地方病、职业病等动物模型，系统疾病动物模型是研究特定疾病的有用工具。

三、使用动物模型的意义

某些实验研究会损害人体健康甚至危及生命，不能在人体上进行，以实验动物代替人类，则可以解决这些问题。临床上发病率低、病程长的疾病可以通过复制动物模型提高发病率、缩短发病时间，以利于收集观察资料、反复观察，透彻研究疾病的发生发展机制。

此外，应用动物模型可以选择相同品种、品系、性别、年龄等条件的标准实验动物，并对实验的温度、湿度、光照、噪声、饲料等条件进行严格控制。这样，对某种疾病及其过程的研究就可排除其他影响因素，使所得的研究结果更为准确，分析更加方便。实验中可按需随时采集各种样品，甚至及时或分批处死动物，收集样本，以了解疾病的全过程。实验动物的小型化发展趋势也有利于动物的日常管理和简化实验操作。

第二节　实验动物的选择

生物医学研究中，许多课题需要做动物实验，进行动物实验首先考虑的问题是实验动物的选择。正确选择实验动物应遵循以下基本原则。

一、选择与人的功能、结构等特征相似的动物

动物实验多是为了研究人类疾病，因而实验动物应该选择结构、功能、代谢与人类相似的动物进行。猴、狒狒等非人灵长类动物是最类似人类的动物，它们是研究艾滋病等疾病的合适动物。但大型非人灵长类动物价格昂贵，饲养管理复杂，遗传和微生物控制较困难，而且随着实验动物伦理和福利的进步，非人灵长类动物用于实验越来越谨慎，部分动物已经不再用于实验。不同实验动物的寿命长短不一，应选择与人的某年龄段相对应的动物进行实验研究。慢性实验或观察动物的生长发育应选择幼龄动物，且观察时间不能大于动物寿命；老年病研究常选择老龄动物；普通实验应选用成年动物；以群体为对象的研究课题应选择封闭群动物，其群体基因型、表型分布与人群相似。为排除疾病或病原体等因素的干扰，实验应选择 SPF 级动物。

二、选择结构功能简单又能反映研究指标的动物

在保证能够满足实验要求的前提下，应尽量选择结构与功能较简单、容易获得的动物。如：果蝇寿命短（12d）、染色体数目少（$2n = 8$）等特点，可以观察多代动物，分析结果容易，适合进行遗传学研究。小鼠等啮齿类实验动物的繁殖周期短，具有多胎性、饲养繁殖容易、遗传和微生物控制方便，在不影响实验质量的前提下，应尽量选择这类易获得、经济、又易于饲养管理的动物，避免选择大型灵长类动物。

三、选择解剖、生理特点符合实验要求的动物

选用解剖生理特点符合实验目的要求的实验动物是保证实验成功的关键因素之一。实验动物某些解剖生理特点为实验所要观察的器官或组织等提供了很多便利条件，如能适当使用，将减少实验准备方面的麻烦，降低操作的难度，使实验容易成功。如犬的甲状旁腺位于甲状腺的表面，位置比较固定。兔的甲状旁腺分布得比较散，位置不固定，除甲状腺周围外，有的甚至分布到主动脉弓附近，因此，做甲状旁腺摘除实验应选择犬而不能选用

兔，但做甲状腺摘除实验，为了保留甲状旁腺的功能，则应选择兔而不能选择犬。小鼠、大鼠支气管以下无气管腺，大鼠无胆囊，均不能满足某些实验要求。

四、选择与实验目的、技术条件、实验方法等相适应的动物

在设计动物实验时，实验动物的选用要与实验目的、实验条件、实验者的技术、方法及试剂性能等相匹配。这种匹配的协调性反映在生物反应性、实验技术构成、动物品系、品种、体型、年龄、性别、行为特质等方面。

五、选择对实验因素最敏感的动物

不同种属哺乳动物的生命过程有一定的共性，但各种反应上又有个性。不同种系实验动物对同一因素的反应往往不尽相同，实验研究中应选用那些对实验因素最敏感的动物作为实验对象。兔的体温变化十分灵敏，适于发热、解热和检查致热原等。小鼠和大鼠体温调节不稳定，做上述实验研究时就不宜选用。

实验动物的选择最终需要被学术界认可和接受，因此在选择实验动物时应该查阅文献，国际上进行相似研究选用的实验动物应该成为最重要的参考。

第三节　动物实验的设计

一、动物实验的基本要素

任何一项动物实验均包括 3 个基本要素，即实验对象、处理因素和实验效应。

1. 实验对象

根据实验的特点选择合适的实验动物及品种或品系（选择原则参考上一节内容）。

实验所用动物的样本量应该在一个合理的范围内，样本量太小，可能无法发现实验效应，样本量太大，则会消耗太多的实验动物，造成浪费。然而，没有简单的方法来确定样本量，实验者可以依据实验对象、处理因素及拟采取的统计学方法等计算所需要的样本量大小，目前有许多软件可以进行计算。虽然软件的算法也存在不足，但是这样推算比经验和直觉更为可信，也有许多网站提供计算样本量的功能。

2. 处理因素

处理因素即实验希望考察的影响因素，每项动物实验可以有一种或多种处理因素，每种处理因素可以有不同的水平及等级，如温度高低、时间长短、药物浓度高低等。实验中还存在非处理因素影响实验效应，所以非处理因素必须标准化。

3. 实验效应

实验效应是处理因素施加于实验对象后产生的效果，通过一定的主观指标或客观指标反映。客观指标指借助仪器测量检验得到的结果，例如体重大小、红细胞数量等，得到的结果为计量资料；主观指标指主观评价的指标，如肿瘤的分级、免疫反应的强弱等，结果

为计数资料。

二、动物实验设计的基本原则

动物实验设计需要符合科学的一般原则，在实验设计前要首先研究领域中已发表的论文，确定不要做别人已经研究过的实验。重复的实验研究不仅是时间和金钱的浪费，更是对动物生命的无视。其次实验选题应对学科发展和经济发展具有实际意义，技术路线、实验方法具有自己的特色，能够用最快的研究进度，消耗最少的人力、物力、财力，达到预期的研究目标。

动物实验设计还需遵循"随机、对照、重复、均衡"的原则。随机，即随机化分组，是让每一实验对象（含每一项非处理因素）都有相同的机会组合在一起。对照，即处理因素与非处理因素之间、处理因素与处理因素之间的对照，包括空白对照、安慰剂对照、实验对照、自身对照、相互对照等。随机、对照可以在一定程度上抵消非处理因素对实验造成的偏差，而重复可以在一定程度上正确估计实验误差，增强实验结果的代表性或可靠性。均衡原则是实验设计的核心内容，即实验条件的一致性原则，各组中的实验对象受到的非处理因素的影响是完全平衡的。为了减小实验中的系统误差，尤其是在使用主观指标判断实验结果时，应采取盲法。动物分组、施加处理因素、数据分析的整个过程中受试动物、处理因素、实验结果均使用代码，以免在主观判断上造成系统误差。

进行动物实验设计时还需要遵守动物福利原则，即保证不用动物进行不必要的实验，只有在其他替代技术尝试失败后才可进行动物实验，不给动物造成不必要的疼痛和不安或死亡。动物实验设计应遵循"3R"原则，即替代（replacement）、减少（reduction）和优化（refinement）的原则。此外，在某些实验临近实验终点时，动物即将遭受无法减轻的剧痛和不适，有时可能是死亡，此时应采用人道终点代替实验终点。关于实验动物福利和伦理的更多内容请参阅本书相关章节。

三、动物实验设计的基本方法

1. 完全随机设计

完全随机设计是将供试动物以同等机会，随机地分配到各个处理组中。随机分组的方法是先将动物按顺序编号，再用随机化工具（如随机数字表等）将动物分组。

这种设计方法的优点是设计简便、灵活，处理数及重复数都不受限制。适用于实验动物和实验条件比较一致的实验，具有较强的抗数据缺失能力。其缺点是对非实验因素缺乏有效控制，只能依靠随机化方法平衡有关因素的影响，因而精确度较低，误差往往偏高，适用于实验对象同质性较好的实验设计。

2. 随机区组设计

该类设计进行动物实验时，可将一窝小鼠或大鼠归为一个区组，数个区组确定后，再按区组随机化原则，将各区组动物随机分配到处理组和对照组中。注意每个区组的动物数量须与处理组要求的实验动物数量相等。如果一窝仔数少于处理组数则不可采用，且不能挪用别窝动物补充；如果一窝仔数大于处理组数，则应将多余动物舍弃，而不能放入其他区组。

由于同窝动物在遗传、营养、微生物携带上的一致性都较高，而各区组内每只动物接受何种处理是随机的，所以随机区组设计的均衡性好，可减少误差，提高实验效率，统计分析也较简单。其缺点是抗数据缺失性低，如一个区组的某个动物发生意外，那么整个区组都必须放弃，或采用缺项估计。

3. 配对设计

实验动物个体之间的差异较大时，可采用配对设计。即将个体差异较小的实验动物配成对子，不同对子之间动物允许存在较大的系统误差，每对中的两个对象随机分配给处理组和对照组。这样可使非实验因素对两组的影响较为接近，从而减少实验误差。

配对设计要运用专业知识。实验动物方面应考虑种属、品系、性别、体重、年龄、同父母、同胎次出生等因素对实验结果的影响。

SPF 动物和无菌动物的微生物、寄生虫控制严格，近交系动物遗传一致性好，采用这些实验动物做实验时，可采用完全随机化设计。小型动物和一胎多仔动物，可采用随机化区组设计。普通动物特别是封闭群大型实验动物，因其个体差异较大，不易获得大量的相似个体，则采用配对设计或随机区组设计。如采用完全随机化设计，需耗用较多动物，既不符合"3R"原则，也不经济。

第四节　影响实验动物和动物实验的因素

现代生命科学研究要求使用健康、标准的实验动物，从而保证动物实验结果精确、可靠、重复性好并具有可比性。这要求我们选用健康的、遗传稳定的实验动物，并在良好和标准的条件下进行饲养和实验，避免和排除影响实验动物生长健康和动物实验结果的各种因素的干扰。本节着重讨论影响实验动物和动物实验的四大因素：动物因素、环境因素、营养因素和技术因素。

一、动物因素

1. 种属因素

不同种属哺乳动物的生命现象，特别是一些最基本的生命过程存在一定的共性，这是在医学研究中应用动物替代人的基础。不同种属动物在解剖、生理特征和对各种因素的反应方面各有不同，对同一致病因素的易感性也可能不同。熟悉动物种属之间的差异有利于正确地选择实验动物，否则可能贻误整个实验。例如，兔体温变化灵敏，易产生发热反应，且反应典型、稳定，被广泛应用于发热、解热和检查致热原等的热原试验；豚鼠适宜用于过敏实验，豚鼠的耳蜗对音频变化十分敏感，常作听觉实验；大鼠对心血管药物反应敏感，血压反应好，适宜用于降压药及心血管疾病的研究；小鼠对镇咳药敏感，在氢氧化铵雾剂刺激下有咳嗽反应，是研究镇咳药物的常用动物等。因此，选择不同种属动物所得的实验结果有较大差异。

不同种属动物对药物的反应存在差异，药效也不同。如大鼠、小鼠、豚鼠和兔对催吐药不产生呕吐反应，而猫、犬则容易产生呕吐。组胺可使豚鼠支气管痉挛窒息而死亡，使家兔血管收缩和右心室功能衰竭而死亡。苯胺及其衍生物对犬、猫、豚鼠等均能引起与人相似的病理变化，产生变性血红蛋白，但对家兔则不易产生变性血红蛋白，对小鼠则完全不产生变性。

不同种属动物因药物代谢动力学存在差异导致对药物的反应也可能不同，包括吸收过程的差异，如大鼠体内的巴比妥 3 天内可排出 90% 以上，而鸡 7 天内仅排出 33%，巴比妥对鸡的毒性比大鼠要大得多。氯霉素在大鼠体内主要随胆汁排泄，半衰期较短，存在肠循环现象，导致药物持续时间差异。代谢过程的差异，如磺胺药和异烟肼在犬体内不能乙酰化，多以原型从尿中排出；在兔和豚鼠体内能够乙酰化，并大多以乙酰化形式随尿液排出；而在人体内则是部分乙酰化，大部分是与葡萄糖醛酸结合，随尿液排出。乙酰化后不但失去了药理活性，而且不良反应也增加。可见这两种药物对不同种属动物的药效和毒性都有差别。

2. 遗传背景

遗传背景因素对动物实验结果有很大影响。按照遗传学控制分类，实验动物分近交系动物、封闭群动物、突变系动物和杂交系动物等。两个近交品系杂交所产生的第一代动物简称 F1 代。一般情况下，近交系动物的生物反应稳定性和实验重复性都较封闭群好，F1代生活力强，带有两个亲代品系的特性，虽然遗传型是杂合的，但个体间的遗传型和表现型是一致的，应用时能获得正确的结论。封闭群动物和杂种动物在实验的重现性上有一定问题。

近交系小鼠的遗传一致性保证了实验结果较小的个体误差，因此多数基因功能研究的实验选用近交系小鼠。由于特定的疾病模型有时必须在特定的近交系背景上才能表现，因此必须严格参照文献选用不同的近交系，如换用其他品系则很可能得不到预期的效果。例如，db/db 小鼠携带有突变的 Leptin 基因，表现出 II 型糖尿病，通常用的 db/db 小鼠有两种遗传背景，C57BL/6J（简称 B6）和 C57BLKS/J。两种背景的小鼠虽然都在 1 个月左右出现高血糖和高胰岛素，但 B6 背景的突变小鼠会随后产生胰岛 β 细胞的代偿性增生，导致胰岛素水平提高，从而恢复 3~4 个月龄后小鼠血糖水平。而 C57BLKS/J 背景的小鼠的高血糖表型不能恢复，因此 C57BLKS/J 背景的 db/db 更合适用于检测降血糖药物。

不同的遗传背景其表型本身存在差异，杂合的背景给特定研究带来很大的个体差异，这种差异在行为学检测方面更为明显。例如，B6 小鼠和 129 小鼠在痛觉敏感性的比较，B6小鼠对热的敏感性比 129 要高出两倍多，但对吗啡因的敏感性则差将近 3 倍。因此，在研究特定基因对痛觉敏感性的作用时，最好将实验小鼠的遗传背景固定到特定品系，从而获得准确的实验数据。不同品系近交系动物对同一刺激的反应有很大差异。例如 DBA/2 小鼠 35 日龄时 100% 的发生听源性癫痫发作，而 C57BL 小鼠根本不出现这种反应；BALB/cAnN 小鼠对放射线极敏感，而 C57BR/CdJN 小鼠对放射线却具有抗力；C57L/N 小鼠对疟原虫易感，而 C58/LwN、DBA/1JN 小鼠对疟原虫感染有抗力；STR/N 小鼠对牙周病易感，而 DBA/2N 对牙周病具有抗力；C57BL 小鼠对肾上腺皮质激素（以嗜伊红细胞为指标）的敏感性比 DBA 小鼠高 12 倍，DBA 小鼠对雌激素比 C57BL 小鼠敏感。已经证明 DBA 小鼠促性腺激素含量比 A 系小鼠高 1.5 倍，而 C3H 小鼠的甲状腺素含量比 C57BL 小鼠高 1.5 倍。己烯雌酚可引起 BALB/c 小鼠的睾丸瘤，对 C3H 小鼠则不能。不同品系对微生物的感染之间也有很大差异。如 DBA/2 及 C3H 小鼠对同一病毒（Newcastle 病毒）的反应和 DBA/1 小鼠完全不同，前者引起肺炎而后者引起脑炎；DBA 系对仙台病毒的敏感性比 C57BL/6J 相差 100 倍；地鼠的 LHC/LAK 品系对慢性病毒感染敏感，绵羊痒病、疯牛病、传染性貂脑病和人类的 C-J 病都能在此系动物群里传播。C57BL 小鼠对肾上腺皮质激素的敏感性比 DBA 及 BALB/c 小鼠高 12 倍。因此在实验设计时考虑不同品系的特点科学的进行比较。

3. 性别

一般来说，实验若对动物性别无特殊要求，则宜选用雌雄各半。造成性别差异的原因可能与性激素或肝微粒体药物代谢酶的活性有关。许多实验证明，不同性别的动物对同一药物的敏感程度以及对各种刺激的反应性是有差异的，特别是药物反应有性别差异的例证很多，可应用单性别动物，如激肽释放酶能增加雄性大鼠血清中的蛋白结合碘，减少胆固醇值，然而对雌性大鼠，它不能使碘增加，反而使之减少；麦角新碱对 5～6 周龄的雄性大鼠有镇痛效果，对雌性大鼠则没有镇痛效果；3 月龄的 Wistar 大鼠摄取乙醇量按单位体重计算，雌性比雄性多，排泄量雌性也多。

4. 生理状态

动物的生理状态如怀孕、哺乳时，对外界环境因素作用的反应性常与不怀孕、不哺乳的动物有较大差异。因此，实验不宜采用处于特殊生理状态的动物进行。如在实验过程中发现动物怀孕，则体重及某些生理生化指标均可受到严重影响，除非为了阐明药物对妊娠及产后的影响时，方可选用这类动物。

动物的功能状态不同也常影响对药物的反应，动物在体温升高的情况下对解热药比较敏感，而体温正常时对解热药就不敏感；血压高时对降压药比较敏感，而在血压低时对降压药敏感性就差，反而可能对升压药比较敏感。

5. 健康状况

动物的健康状况直接影响实验结果的准确性和可重复性。实验动物必须选择有资质的动物供应商来供应，从而保证实验动物质量的标准化。质量合格的实验动物健康状况一般表现为体型丰满、发育正常、被毛浓密有光泽且紧贴身体、眼睛明亮活泼、行动迅速、反应灵敏、食欲良好。对于长期实验的动物，尤其是大动物，除了有上述的表现外还应对每只动物作全身仔细的健康检查，主要检查项目包括：瞳孔是否清晰，眼睛有无分泌物，眼睑有无炎症；耳道有无分泌物溢出，耳壳里是否有脓疮；鼻有无喷嚏以及浆液性分泌物流出；皮肤有无创伤、脓肿、疥癣、湿疹；头部姿势是否端正（若有歪斜，常证明有内耳疾患）；胃肠道检查包括有无呕吐、腹泻、便秘，肛周被毛是否洁净；神经系统检查包括是否有震颤、不全性麻痹等。

一时性的健康检查不能完全确定动物是否健康，因为有些疾病在潜伏期，常无明显症状。一般在实验前，选好的动物需有 7～10 天的预检，让动物适应新的饲养条件。健康动物对各种刺激的耐受性一般比不健康、患病的动物要强，并且实验结果稳定，因此一定要选用健康动物进行实验，使用患有疾病或处于衰竭、饥饿、寒冷和炎热等条件下的动物，均会影响实验结果。

实验动物微生物和寄生虫疾病的暴发和流行可能导致大批实验动物死亡，或者虽然未发现疾病体征，由于潜在的感染对实验研究产生严重干扰，也会使实验结果不稳定，甚至造成实验失败。实验动物的微生物和寄生虫的质量因素是影响实验动物健康和动物实验结果准确性的不可忽视的重要因素。使用质量合格的实验动物可以避免由实验动物的微生物和寄生虫等质量因素对实验动物健康的影响和保证动物实验结果的准确性。

二、环境因素

实验动物一般都较长时间甚至终生被限制在一个极其有限的环境范围内生活，该环境对实验动物和动物实验结果有很大影响，实验动物的性状主要由动物因素和环境因素决定。影响动物实验的因素包括实验动物种的共同反应、动物品种及品系特有的反应、个体反应（个体差异）、环境影响及实验误差。

动物实验受环境因素影响很大，动物实验常给动物一种刺激或使动物处于一种病理生理状态，这种状态下的动物比正常动物对环境因素更加敏感，当环境条件改变时，将会严重影响实验动物健康和动物实验的结果，主要的环境影响因素包括：

（一）温度

温度对实验动物的影响主要表现在生殖、泌乳、机体抵抗力、生长、形态、新陈代谢和实验反应性的诸多方面。动物对环境温度的变化可产生一定的适应能力，但一定时间内温度超过 30℃时，雄性动物出现睾丸萎缩或形成精子的能力下降，雌性动物出现性周期紊乱，泌乳能力降低或拒乳等现象。大鼠在 31℃、鸡在 35℃高温应激作用下，出现需氧菌菌群的增加，鸡还出现厌氧的消化道链球菌、梭状芽胞杆菌增加的现象。在低温环境下，雌性动物性周期推迟，繁育能力下降。

当环境温度不同时，使用同种动物实验的结果也会出现不同。用动物实验来研究化学物质的毒性反应时，环境温度不同，动物对急性毒性反应 LD_{50} 呈现不同类型。在不同温度下饲养的动物，即使在相同实验环境下，其药物的 LD_{50} 数值也有一定的差异。

（二）湿度

湿度是指大气中的水分含量。按每立方米空气中实际含水量表示时称为绝对湿度。相对湿度是指空气中实际含水量与该温度下的饱和含水量的百分比值。相对湿度对动物机体热调节有很大影响，高湿环境有利于病原微生物和寄生虫的生长繁殖，小鼠仙台病毒、骨髓灰质炎病毒、腺病毒第4型和第7型以及空气中细菌数在高湿条件增殖较大；高湿条件下，垫料与饲料易发生霉变；大、小鼠过敏性休克的死亡率随湿度增高有明显增加。

在低湿环境下，动物哺乳时会有静电刺激，大、小鼠的哺乳母鼠常发生拒绝哺乳或吃仔鼠现象，甚至仔鼠发育不良。低湿使室内灰尘飞扬，容易引起动物呼吸道疾病。多数动物不耐低湿，在低湿、干燥的环境下，大鼠易患一种尾尖部坏死、溃烂的环尾症，当温度为27℃、相对湿度20%时，几乎所有大鼠都发生环尾症，当湿度为40%时，此病发生率为20%～30%，而相对湿度大于60%时则没有此症。

（三）气流及风速

饲养室内气流的大小直接影响动物体热的散发。实验动物单位体重与体表面积的比值越大，对气流越敏感。气流速度过小，空气流通不畅，动物体表散热困难，就易患病，甚至死亡；气流速度过大，动物体表散热量增强，同样危及健康。

病原微生物随空气流动，动物设施内各区域的气体压力状况（正压、负压）决定了空气流动方向。在双走廊屏障设施中空气流动方向是从清洁走廊→饲育间→污物走廊→设施外，室内处于正压。而在污染或放射性实验的动物房，为了防止微生物和放射性物质扩散，室内必须处于负压。此外，饲养室送风口和排风口气流较大，因此在布置动物笼架、笼具时应尽量避开风口。空气流动方向的紊乱，将造成有害物质污染，易于疾病传播，损害人和动物的健康。

（四）空气洁净度

实验动物饲养和实验室内空气中飘浮着颗粒物（微生物多附着在颗粒物上）与有害气体，对动物机体可造成不同程度的危害，也可干扰动物实验过程。

1. 气体污染

动物粪尿等排泄物发酵分解产生的污染种类很多，一般有氨、甲基硫醇、硫化氢、硫化甲基、三甲氨、苯乙烯、乙醛和二硫化甲基。氨浓度常是判断饲养室污染状况的监测指标。饲养室温度上升、动物密度增加、通风条件不良、排泄物和垫料未及时清除时，都可以使饲养室氨浓度急剧上升。氨是一种刺激性气体，当其浓度升高时，可刺激动物眼结膜、鼻腔黏膜和呼吸道黏膜而引起流泪、咳嗽，严重者甚至产生急性肺水肿而引起动物死亡。

硫化氢（H_2S）是具有强烈臭鸡蛋味的有毒气体，空气中含量达0.0001%～0.0002%即能察觉。动物粪便和肠中产生的臭气中含有H_2S，吸入的H_2S在呼吸道中生成Na_2S，致

使组织中失去 Na^+，此即黏膜受到刺激的生化基础。H_2S 也能刺激神经，当温度增高时会增加 H_2S 的毒性。室内 H_2S 和 NH_3 均易诱发家兔鼻炎。此外，浓厚的雄性小鼠汗腺分泌物的臭气也能导致雌性小鼠性周期紊乱。

2. 颗粒物污染

动物饲养间空气中的颗粒物质主要来源于两个途径：一种是室外空气未经过滤处理直接进入饲养室内；另一种是动物的皮毛、皮屑以及饲料、垫料等被气流携带在空气中飘浮，形成颗粒物污染。粉尘颗粒对动物的危害与颗粒的大小有关，颗粒越小在空气中飘浮的时间越长、影响程度越大。粉尘对动物机体的影响主要是直径 $5\mu m$ 以下的粉尘，这种小颗粒经呼吸道吸入体内后达到细支气管与肺泡而引起呼吸道疾病。颗粒物除本身对动物产生不良影响外，还可以成为各种微生物的载体，这些微生物都附着在 $5\sim20\mu m$ 的微粒上飘浮在空中。粉尘可把各种微生物粒子包括细菌、病毒和寄生虫等带入饲养室。另外，粉尘还可造成动物的变态反应。更为严重的是，动物室中的粉尘是人类变态反应的变应原，小鼠、大鼠、豚鼠、家兔的血清、皮毛、皮屑及尿液均具有抗原性，可通过呼吸道、皮肤、眼、鼻黏膜或者消化道引起人的严重变态反应性疾病，出现不舒适感，导致鼻炎、支气管炎、气喘、尘肺和肺炎等疾病，甚至有生命危险。因此，饲养清洁级以上实验动物的设施，对进入饲养环境的空气必须经过高效过滤，使空气达到一定洁净度。

（五）通风和换气

饲养室通风换气的目的在于供给动物新鲜空气，除去室内恶臭气味，排出动物呼吸、照明和机械运转产生的余热，稀释粉尘和空气中浮游微生物，使空气污染减少到最低程度。换气量的多少可以根据动物代谢量来定。常规情况参考国家标准的要求。虽然换气次数越高，空气越新鲜。但换气次数增加势必导致能量的损失增加，所以一般应在测定温、湿度及换气次数的基础上加以调节，控制适当的次数。

（六）光照

光照对实验动物的生理功能有着重要的调节作用。光线的刺激通过视网膜和视神经传递到下丘脑，经下丘脑的介导，产生各种神经激素，以控制垂体中促性腺激素和促肾上腺皮质激素的分泌。因此，光线对实验动物的影响主要表现在生理和行为活动方面。

光是动物生殖过程中非常重要的因素，起定时器的作用。动物机体的基本生化和激素的调节直接或间接地与每天的明暗周期同步。持续的黑暗条件可抑制大鼠的生殖过程，使卵巢重量减轻；相反，持续光照，则过度刺激生殖系统，产生连续发情，大、小鼠出现永久性阴道角化，有多数卵泡达到排卵前期，但不形成黄体。强光照还使动物出现视网膜退行性变化。自然光照时间长短因地区和季节不同而异，因此，饲养室内应采用人工光控系统，保持光照稳定，一般多控制在 12：12 或 14：10，明暗的交替最好采用渐暗（渐明）式，以免动物在明暗突然改变时产生短暂的"骚动"。

光的波长对动物也有影响，小鼠的自发行为在蓝、绿、白光下最低，而在红色与黑暗中最大。雄鼠的垂体、肾上腺、肾、雌鼠的肾上腺、甲状腺、松果体的重量与波长之间有着明显的关系。大鼠在蓝色光下性成熟早，阴道开口比红色光下早 3 天，成熟时卵巢和子宫的重量也大，但泌乳能力是红光最强。

（七）噪声

噪声是动物设施中日常活动及机械运行中发生的环境可变因素之一。噪声是有害的声音，是实验动物发生应激反应的常见原因。噪声引起动物紧张，导致不安和骚动，即使是短暂的噪声也能引起动物在行为上和生理上的反应。

噪声可造成动物听源性痉挛。噪声发生同时，小鼠会出现耳朵下垂呈紧张状态，随后出现洗脸样动作，头部出现轻度痉挛，发生跳跃运动。听源性痉挛的反应强度随声响强度、频率、日龄、品系而改变。噪声对实验结果也有很大影响。声音刺激会引起心跳、呼吸次数及血压增加，血糖值出现明显不同。噪声能使小鼠发生白细胞数的变动、免疫功能变化，大鼠出现高血压、心脏肥大、电解质变化、肾上腺皮质酮分泌增加。噪声可引起孕豚鼠的流产或母鼠放弃哺育幼仔。此外，不同动物间的叫声也会引起动物的应激反应。所以噪声对动物的影响不能忽视。国家标准规定，动物实验室和实验动物饲养室的噪声应在 60dB 以下。

三、营养因素

保证动物充足的营养供给是维持动物健康和获得可靠动物实验结果的重要因素。动物的生长、发育、繁殖、增强体质和抗御疾病以及一切生命活动无不依赖于饲料。动物的某些系统和器官，特别是消化系统的功能和形态是随着饲料的品种而变异的。实验动物的营养需求会因动物个体的生理状态如维持、生长及繁殖阶段，动物的种类、年龄、性别而有所差异。例如，近交系小鼠与封闭群动物对蛋白饲料的需求，近交系小鼠要高些。灵长类动物或豚鼠，因缺乏 L-谷氨酸氧化酶，必须人工添加维生素 C。涉及动物的交配、妊娠、哺乳阶段的实验，如生殖毒性试验、遗传工程小鼠制备时需要的种雄鼠、供受精卵雌鼠、结扎雄鼠和假孕雌鼠等要喂繁殖饲料。

1. 蛋白质缺乏对实验动物的影响

饲料中蛋白质添加不足或品质不良时，会造成必需氨基酸含量不足。首先受到影响的是肠黏膜及分泌消化液的腺体，结果引起消化不良，导致腹泻、失水和失盐等症状，其次体内不能形成足够的血红蛋白和血清球蛋白，造成贫血症或抗病力减弱。因此，饲料中的蛋白质含量不足、某些必需氨基酸缺乏或比例不当时，动物生长发育缓慢、抵抗力下降，甚至体重减轻，出现贫血、低蛋白血症等，长期缺乏可导致水肿并影响生殖，但是，长期给动物喂食蛋白质含量过高的饲料，也会造成动物肝功能负担过重，会引起代谢紊乱，严重者甚至出现酸中毒。因而，应供给实验动物含适量蛋白质的饲料。

2. 碳水化合物缺乏对实验动物的影响

碳水化合物由碳、氢、氧3种元素组成，通常分为无氮浸出物和粗纤维两大类。无氮浸出物（即糖类）包括淀粉和糖，是实验动物的主要能量来源。饲料中的糖类被动物采食后，在酶的作用下分解为葡萄糖等单糖而被吸收。在体内，大部分葡萄糖氧化分解产生热能，供机体利用；小部分葡萄糖在肝形成肝糖原储存，尚可转化为脂肪。碳水化合物缺乏常引起机体代谢紊乱，动物出现消瘦、体重减轻和精神萎靡等现象。

3. 脂类缺乏对实验动物的影响

脂类包括脂肪、脑磷脂、磷脂酰胆碱、胆固醇等，后三种脂类是细胞膜和神经等组织的重要组成成分。脂肪被机体消化吸收后，可通过代谢产生热量供动物利用。多余的能量可转变为脂肪，并在皮下或内脏形成脂肪层。脂肪组织除了储备能量外，尚有保温以及缓冲外力的保护作用。脂肪还是脂溶性维生素 A、维生素 D、维生素 E、维生素 K 的溶剂，可促进其吸收和利用。

脂肪由脂肪酸和甘油组成。脂肪酸中的亚油酸、亚麻酸、花生四烯酸等在实验动物体内不能合成，而只能从饲料中摄取，称为必需脂肪酸。必需脂肪酸缺乏可引起严重的消化系统和中枢系统功能障碍，如可使动物患皮肤病、脱毛、尾坏死、生长发育停止、生殖力下降、泌乳量减少，甚至死亡。然而，饲料中脂肪过多则使动物肥胖而影响健康。

4. 矿物质缺乏对实验动物的影响

矿物质构成体组织和细胞的重要成分。钙、磷、镁是身体的重要结构物质，在细胞内、外液中与蛋白质一起调节细胞膜的通透性、维持正常渗透压，调节血液的酸碱平衡，对神经肌肉的兴奋性产生独特作用，构成酶的辅基、激素、维生素、蛋白质和核酸的成分，或参与酶系的激活。矿物质与维生素在代谢中存在着密切联系，有共同调节机体正常生理功能的作用。矿物元素不能相互转化或代替，饲料中必须注意其含量和合理比例。

钙缺乏可引起幼畜的维生素 D 缺乏症，成畜的软骨病；磷的缺乏影响生长发育；氯缺乏使肾功能损害；钠缺乏会造成食欲降低、被毛脱落等；镁缺乏造成血管扩张、使血压降低，神经过敏、痉挛无食欲；钾缺乏使心脏功能失调、肌肉无力；铁缺乏引起机体贫血、生长发育不良、精神萎靡、皮毛粗糙无光泽；铜缺乏引起机体四肢无力、营养性贫血等。各种矿物质的缺乏都将引起动物机体相应生理上、代谢上的紊乱。因此，物质对实验动物机体的生理功能、生长发育、繁殖及实验数据都有影响。

5. 维生素缺乏对实验动物的影响

维生素在体内主要作为代谢过程的激活剂，调节、控制机体的代谢活动。实验动物对维生素的需要量虽然很小，但却是维护机体健康、促进生长发育、调节生理功能所必需的。

通常按溶解性能把维生素分为脂溶性和水溶性两大类。脂溶性包括维生素 A、维生素 D、维生素 E、维生素 K，水溶性包括维生素 B 族和维生素 C 族。脂溶性维生素大部分储存在脂肪组织中，通过胆汁缓慢排出体外，故过量摄入，可导致中毒。水溶性维生素在体内仅有少量储存，易排出体外，必须每天由饲料中供给，当供给不足时，易出现缺乏症。当缺乏任何一种维生素时，都会引起代谢紊乱，幼年动物生长停滞，抗病能力减弱，成年动物生产力降低，繁殖功能下降，严重时甚至导致死亡。如维生素 A 缺乏可引起视觉损害、夜盲症、上皮粗糙角化、骨发育不良和生长迟缓；维生素 D 缺乏与软骨病有关；维生素 E 缺乏使动物生殖系统损害，睾丸萎缩、肌肉麻痹、瘫痪、红细胞溶血；维生素 B_1 缺乏易引起动物多发性神经炎；维生素 B_2 参与生物氧化过程，维护皮肤黏膜完整性，缺乏时动物生长停止、脱毛、白内障、角膜血管新生等。

6. 水缺乏对实验动物的影响

水是一切组织、细胞和体液的重要组成成分，是饲料消化、营养物质吸收的溶剂，一般实验动物体内的水含量占其体重的 50%，血液的 80%。动物体内的物质输送、组织器官形态维持、渗透压调节、体温调节、生化反应与排泄等活动的进行都有赖于水的参与。当实验动物体内水分减少 8% 时，就会出现严重干渴、食欲丧失、抗病力下降、蛋白质和脂肪分解加强；水分减少 10% 时，会引起严重的代谢紊乱；水分减少 20%，将导致动物死亡。因此，水的缺乏对实验动物造成的危害比缺饲料还大。

四、技术因素

在有了标准化实验动物的基础上，具备标准化的实验条件，执行标准实验操作规程，才有可能得出准确的、可靠的、可重复的实验结果，这样实验研究才有价值和意义。动物实验涉及的因素很多，任何因素的改变都有可能影响实验结果。

饲养管理和科研人员要爱护、善待动物，要合理设计实验，严格按标准实验操作程序去工作。要注意防止和避免：动物品系混杂或交叉，错误称重动物或给药，不正确记录实验数据，不一致的室温、光线、饮食、笼子型号，粗暴处理笼子和器械所增加的噪声，改变或增加标准饮食以及对不同动物个体的个人喜好和偏爱。

科研人员应了解动物的习性，例如动物有年、月、日节律性的变化，如犬、兔在春夏季对辐射的反应比在冬季敏感，所以在春夏季经辐射照射后的实验动物死亡率高。许多动物的体温、血糖、基础代谢率、各种内分泌激素的水平都呈昼夜性的节律性变化，所以，应选择在同样季节和时间点进行动物实验才能得到正确的实验结果。

麻醉技术是影响动物实验的因素之一，动物实验中往往先将动物麻醉后才行各种手术和实验，在整个实验过程中麻醉程度要始终保持恒定，手术结束后进行镇痛。不同的麻醉剂有不同的药理作用和副作用，应从动物福利的角度根据实验要求与动物种类而加以选择。控制合适的麻醉深度是顺利完成实验获得正确实验结果的保证。如果麻醉过深，动物处于深度抑制，各种正常反应受到抑制，无法得出可靠的实验结果。如果麻醉过浅，手术或实验时，动物会感到强烈的疼痛，会使动物的呼吸、循环功能、消化功能等发生改变，如疼痛刺激会长时间中止胰腺的分泌。所以实验时麻醉深度必须合适，麻醉深度的变动会使实验结果产生前后不一致的变化，给实验结果带来难以分析的误差。

动物实验中的手术技巧、实验观察过程中饲养人员的经验、实验人员对各环节的操作熟练程度等均影响实验结果，如手术熟练可以减少对动物的刺激，减少动物的创伤和出血，提高实验成功率和实验结果的正确性。要达到手术操作熟练，操作者必须在动物身上反复实践，才能了解各种动物的特征、组织和血管的位置、神经和血管的走行特点，手术时才能操作自如。

给药途径和给药剂量也是影响实验的重要因素，如有的激素在肝内破坏，经口给药就会影响其效果。有些中药用粗制剂静脉注射时，因其成分复杂，如含有钾离子，有降血压作用，若把这种非特异性降压作用解释为特殊性疗效就不恰当。这类实验结果如果用口服或由十二指肠给药就可鉴别出来。也有些中药成分在消化道被破坏或不被吸收，如枳实中的升压成分、对羟福林和 N-甲基酪胺只是在静脉注射时才有疗效。有些中药含有大量鞣质，体外试验有抗菌作用，但在体内不被消化道吸收，则没有抗菌作用。给药的次数与药物种类也有关系，如雌三醇与细胞核内物质结合的时间短，所以，每天一次给药的效果就比较弱，如将一天剂量分为八次给药，则效果将大大加强。药物的浓度和剂量也是一个重要问题，太高的浓度、太大的剂量都会得出错误的结果。如有用 $1/2$ LD_{50} 腹腔注射某药后动物活动减少，认为该药有镇静作用，实际上 $1/2$ LD_{50} 的剂量已近中毒量，这时动物活动减少不能认为是镇静作用。在动物实验中常遇到的问题是动物和人的剂量换算。若按体重把人的用量换算给动物则剂量太小，做实验常得出无效的结论，或按动物体重换算给人则剂量太大，动物和人用药剂量的换算以体表面积计算比以体重换算好一些，但仍需慎重处理。

延伸阅读

1. 徐平. 实验动物管理与使用操作技术规程. 上海：上海科学技术出版社，2007.

2. 贺争鸣，李根平，李冠民，等. 实验动物福利与动物实验科学. 北京：科学出版社，2011.

3. 秦川. 医学实验动物学（第二版）. 北京：人民卫生出版社，2014.

4. 刘恩岐. 人类疾病动物模型（第二版）. 北京：人民卫生出版社，2014.

5. 张连峰，秦川. 常见和新发传染病动物模型. 北京：中国协和医科大学出版社，2010.

6. 李幼平. 医学实验技术的原理与选择（第二版）. 北京：人民卫生出版社，2014.

7. 张连峰，秦川. 比较行为学基础. 北京：中国协和医科大学出版社，2010.

8. 中国生物技术发展中心、中国科学院动物研究所. 动物行为学方法. 北京：科学出版社，2012.

9. P. Timothy Lawson. Laboratory Animal Technician Training Manual，American Association for Laboratory Animal Science，2004.

第六篇
无菌生物学

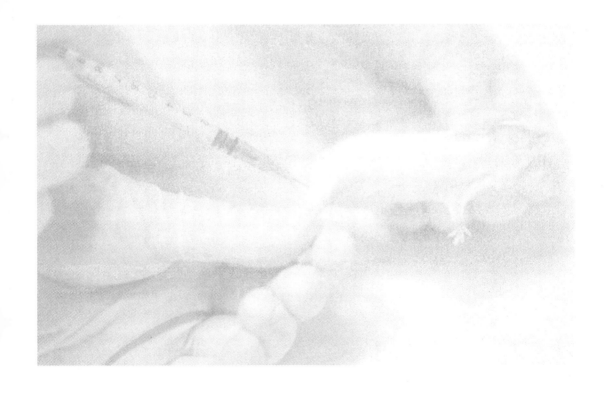

第十七章 无菌动物

所谓无菌生物学（Gnotobiology）是探索在无菌（Germ free）这一特定环境中的生命构造、研究与无菌生物（土、水、空气）相关联乃至无菌生态系统（ECO-system）的学问。无菌生物学的字面意思是"没有生命"，即寄居于动物体的微生物要完全被排除。无菌动物就是指不能检出任何活的微生物和寄生虫的动物。实验动物科学的发展趋势是无菌动物定量、资源管理、无菌动物护理。与无菌动物有关的一种动物为悉生动物，它也需要无菌技术饲养和维持。悉生动物体内任何一种有机体生命都被完全地鉴定；还有一种是限定菌动物，开始时是无菌的，但是一段时间后会有意地选择地接种一些细菌或是其他的有机体。

1896 年第一篇定义无菌动物的文章在美国发表，但无菌动物仍是一门较现代的科学。1946 年建立第一批无菌大鼠，1950 年以前的无菌动物饲养在一个不锈钢和玻璃制作的严格的隔离装置中，这样的隔离装置大、笨重而且昂贵。1957 年特列克斯勒发明的薄层隔离体系标志着近代无菌动物研究的开始，在 20 世纪 60 年代早期已经可以购买到无菌的大鼠和小鼠。无菌动物技术的发展和应用对实验动物种类和质量有极其重要影响。

第一节 无菌动物饲养装置

一、隔离装置

隔离装置或是说隔离体系即是一个装置，可以保护动物远离外界环境，既防止外界微生物进入隔离体系，又限制体系内潜在的有害微生物传播到外界。隔离装置可以小到鼠笼，大到整个房间，它可以由任何不能渗透微生物的材料制作。

常用两种类型隔离装置：一种是严格意义上隔离装置，由不锈钢、树脂玻璃等材料制作；另一种是简易型，由乙烯聚合物或是聚亚胺酯制作。简易型隔离装置经济实惠，可以根据需要生产出不同大小或形状。

所有的隔离装置无论大小和形状，都必须提供温度、湿度控制，光照时间、强度控制，无菌空气来源、废气排出。隔离装置也必须提供动物、笼具、无菌操作工具的空间。除了无菌隔离笼具外，必须要有饲料、水和设备的进、出的传递装置（传递仓）。

二、传递仓

传递仓是一个密闭、耐热或是耐气体消毒材料制成的容器，对于不同的隔离装置，传递仓可以设计成不同的形状和大小。传递仓直径应与隔离装置的进口相匹配。隔离装置的两边被过滤材料所覆盖，允许气体或液体过滤后进入，物质从这里消毒经过，隔离装置的传递仓末端覆盖着能耐热的树脂材料。

三、传递手套

传递手套是橡胶的，手套外侧暴露在空气中，里侧在隔离装置里面，处于无菌环境。

传递物品时，隔离装置外门打开后是一个无菌的、封闭连接用塞子或是夹子。通过传递手套在隔离装置入口和传递仓之间，喷洒2%过氧乙酸消毒，30分钟后器皿表面微生物被杀死，达到无菌环境。再打开隔离装置的内门，这个过程是无菌的材料进入隔离装置以及里面的东西传递出外环境的过程。

隔离装置中废弃的材料或动物要传出隔离装置是一个与上述相反的过程，使用传递手套将废弃的材料或动物放进传递仓中，内门打开，通过传递手套分开，外门关闭，内门入口处消毒，然后东西传出，隔离装置和传递手套可以通过有色的气体检测是否漏气。

第二节　无菌方法学

实验动物科学关于无菌动物有两个主要的方面，一个是无菌动物的基础研究，包括营养、免疫学、生命和年龄、口腔病理学、癌症、伤口修复、感染疾病和其他重要的医学研究，另一个方面就是关于无菌动物的制备和保存，这部分工作必须在隔离器中进行。给免疫缺陷动物或是经照射、药物治疗的免疫缺陷动物提供无菌技术可以保护其生活环境。没有无菌环境的保护，这些动物可能因感染而死亡。

无菌动物在解剖、生理等许多方面都与有菌动物不同，但其机制尚不完全清楚。例如，无菌动物的肠壁要比有菌动物的薄；无菌动物经常伴随肌肉发育不良；无菌动物组织酶水平要比有菌动物的低；无菌动物免疫系统欠发达；无菌动物的淋巴结小、胸腺小，因为它们的器官尚未暴露给抗原；无菌动物白细胞数量低和淋巴液少；无菌动物可以更好地吸收脂肪，血液中胆固醇含量高，胆汁转换率也高。无菌动物与有菌动物相比有较发达的盲肠，盲肠的物质呈碱性。无菌动物肠上皮的蠕动和摆动是比较慢的。无菌大鼠比有菌大鼠存活时间长，自发肿瘤概率低。除此之外，无菌动物基础代谢率、心脏跳动要比有菌动物慢，有较小的心脏、肝和肺。

无菌动物的营养要求不同于有菌动物，它们对食物和水有更高的要求，食物中需含维生素K、维生素B，与有菌动物相比，需要较少维生素A、赖氨酸、半胱氨酸和维生素E，因为许多重要的营养物质在高温加热的时候被损坏，因而要提高隔离装置中饲养的无菌动物的营养物质含量。

啮齿类无菌动物培育要经过几个典型的步骤：

第一步是剖宫产或是胚胎移植。为获得剖宫产无菌动物，先要使待产动物在无菌的状态下麻醉，然后剖宫产取出无菌小动物。此步骤开始前要知道动物交配的确切日子，实施剖宫产时，首先将子宫在无菌的外科手术中被移出，经过含杀菌剂药水浸泡，再移到一个外科手术的隔离装置。在隔离装置中，胎儿从子宫中移出，烘干放到一个温暖的胎床上，在正常的呼吸开始后，由代乳母鼠饲养。

理论上通过剖宫产获得无菌动物的技术能够应用到更多种类的哺乳动物。

下一步是对整个过程进行微生物监控，以确定外科手术的整个过程没有被污染。子宫内的感染可以经过胎盘污染新生动物。大鼠某些病毒（如淋巴球脉络丛脑膜炎病毒）、犬蛔虫可以通过胎盘，所以用于制作无菌动物的供体必须排除这类病原体。

饲养在隔离装置内的小鼠和大鼠处于无菌状态，扩群繁殖之后，它们的子代被无菌操作传递到隔离装置外面去繁殖后代，在这个扩大繁育的过程中，微生物和遗传需要跟踪监控。

保证无菌动物饲养成功，所有过程的灭菌至关重要。最常使用的是高压蒸汽灭菌，其次还有干热灭菌、2% 过氧乙酸、射线等。通过高效过滤器可以过滤阻止细菌和污染物进入。

通过无菌操作技术，可以为基础和临床医学研究提供无菌动物。即使无菌动物仅是实验动物科学一个小的分支，但在实验动物学科领域，无菌操作技术和无菌动物的使用大大推动了实验动物等研究领域的发展。

延伸阅读

1. 徐平．实验动物管理与使用操作技术规程．上海：上海科学技术出版社，2007.

2. 中国医学科学院医学实验动物研究所、中国质检出版社第一编辑室，合编．实验动物标准汇编．北京：中国质量出版社、中国标准出版社联合出版，2011.

3. 秦川．医学实验动物学（第二版）．北京：人民卫生出版社，2014.

4. P. Timothy Lawson，Laboratory Animal Technician Training Manual，American Association for Laboratory Animal Science，2004.

第七篇
统计学方法

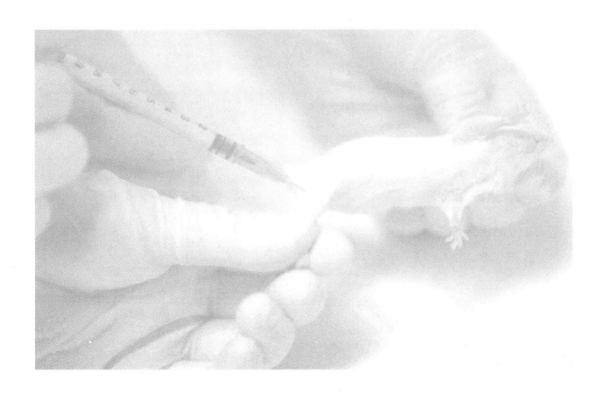

第十八章　统　计　学

为了解动物实验结果的影响因素、得到客观准确的实验结果，科研人员必须了解统计学知识。良好的实验设计和操作是准确的统计分析和实验数据的重要组成部分。准确的数据收集是动物实验的第一步，得到有意义研究结论才是成功的研究。

第一节　假　　说

每个实验设计开始于研究人员的设想，起初的设想来源于一个问题，然后问题被表达为一个假说。假说是指研究人员认为是真实的、但是还没有被证实的理论。明确提出问题并对其进行必要的陈述、阐明研究目标、提出假说是进行动物实验设计的关键。问题的提出应包括实验将说明的问题是什么、它的意义是什么。如何改善人类和动物健康的可能性、增加对生物学过程理解的知识等。研究目标的阐明应包括对总目标概括性的描述和对特殊问题的说明。假说应对每一个实验方案给出至少两个肯定的、清晰明确的预计结果（如一个无效假定和一个预备假定）。这些结果可以看成是对某特定研究问题的两个实验答案，即无效假定要明确两实验组间没有差别，预备假定则明确在实验组之间存在真实客观的差别。尽管可能随着动物实验的进行这些假说会被修改，但明确提出问题和假说是进行实验设计的基础和前提。下面举个例子说明：为了提高动物生长率，某个项目研究新饲料配方，新饲料配方为 A，原饲料为 B，其假设是：饲料 A 喂养的大鼠生长要快于饲料 B 喂养的大鼠。

第二节　变　　量

变量是指潜在的影响实验结果的因素，根据它们是否能够影响到实验的结果划分为独立性变量和依赖性变量。许多动物实验研究必须处理变量，实际上每个动物实验研究都有一个到多个变量。依赖性变量可以直接影响实验的结果，而独立性变量不会。研究人员和动物实验研究人员一直以来都以减小依赖性变量为主要的目标。

如为大鼠设计的新饲料配方研究，实验开始时大鼠的体重是潜在的依赖性变量，大鼠都有相似的体重，其他的依赖性变量包括性别、年龄、品系等。如要证明饲料 A 对大鼠体重有增加作用，实验开始时大鼠必须有相同的体重、年龄、性别和品系，否则这些依赖性变量将会是导致大鼠体重增加的原因。

另一个控制变量的方法是实验时做到随机化。动物分组时必须将动物随机分配到实验的各个组中，以确保研究的变量在每一实验组中不会因分组导致数据偏差。为达到随机化，必须在实验开始时将动物群体限定，即选定同源的动物群体（同一近交系或品种的实验动物）和生物学特征一致的动物（年龄、性别、体重等），这样限定好的动物群体影响实验数据的变量比较少。在研究中，食用饲料 A 和饲料 B 的大鼠是随机的，假设实验开始时用的是 6 周龄的大鼠，体重在 80 ~ 100g，如果把所有的 100g 动物都放到 A 组，那么最后得到的数据是无效的，所以，随机化选择动物将会解决这个问题。

常用的随机化方法包括以下两种：

1. 每只动物有一个固定的编号，进行"暗箱"抽号操作，并将每次抽到的不同编号的动物随机分配到各个实验组中。如，第一个抽出的动物分到 1 组，第二个抽出的动物分到 2 组，第三个分到 1 组，第四个分到 2 组，如此循环分配下去。

2. 对于动物数量多、组别数多的实验可以利用随机数字表或计算机的随机程序来进行分组。

第三节　分　　布

在评价生物医学数据的时候，重要的类型是变量的连续分布，称为正态分布。一组数据中存在有很多个变量，这个变量可能是可以测量的计量资料。如，人的体重或犬的血红蛋白含量是计量资料，同窝动物的大小或者性别的比例，则是计数资料。

正态分布概念是由德国的数学家和天文学家德莫佛（de Moivre）于 1733 年首次提出的，但由于德国数学家高斯（Gauss）率先将其应用于天文学研究，故正态分布又称为高斯分布。

第四节　检　验　假　说

大多数动物实验属于检验一个假说的正式实验，一般实验前都可以得到一些有用的信息，用来计算实验所需要的动物数量。在这类实验中，一般科研人员可以测定三种类型的变量：①二分变量，表现为是/否结果的百分率，如在某一给定时间疾病或死亡的发生率；②连续变量，如某一物质在体液中的浓度或生理功能（血液流速或排尿量）；③一个事件的发生时刻，如疾病或死亡出现的时间。

实验设计尽管说起来比较复杂，但一般都可将假说简单归结成一个或几个问题、两组或几组数据的比较，然后计算在某种概率水平测定某一效应（或组间期望的差别）的样本大小。值得提醒的是，研究人员如果发现的组间差别（效应）越小，或群体变异性越大，那么观察到显著性差异所需要的样本量肯定越大。

在循证医学的研究或应用中，经常使用可信区间（confidence interval，CI）对某事件的总体进行推断。可信区间是按一定的概率来估计总体参数（均数或率）所在的范围，它是按预先给定的概率（常取 95% 或 99%）确定未知参数值的可能范围，这个范围被称为所估计参数值的可信区间或置信区间，如 95% 可信区间，就是从被估计的总体中随机抽取含量为 n 的样本，由每一个样本计算一个可信区间，理论上其中有 95% 的可能性（概率）将包含被估计的参数。故任何一个样本所得 95% 可信区间用于估计总体参数时，被估计的参数不在该区间内的可能性（概率）仅有 5%。可信区间是以上、下可信限为界的一个开区间（不包含界值在内）。可信限（confidence limit，CL）或置信限只是可信区间的上、下界值。

例如，前文提到实验：饲料 A 和饲料 B 饲喂体重相同的两组大鼠，目的是测量是否是饲料导致两组大鼠的体重差别。记录数据的方法有几种，大多数要求计算平均值和标准差，即要记录大鼠体重平均值和每只大鼠体重。如果大鼠重量的平均值是 150g、标准差是 10.5g，这组大鼠体重结果表示为 150 ± 10.5g。结果显示"饲料 A 与饲料 B 饲喂同体重两组大鼠，体重有显著差异"（$P < 0.05$），P 指 95% 可信区间。

延伸阅读

1. 蒋知俭. 统计分析在医学课题中的应用. 北京：人民卫生出版社，2009.

2. 孙振球，徐勇勇. 医学统计学（第四版）. 北京：人民卫生出版社，2014.

3. P. Timothy Lawson. Laboratory Animal Technician Training Manual, American Association for Laboratory Animal Science, 2004.